汉竹 ● 亲亲乐读系列

怀孕每天吃什么

左小霞 编著

U0384091

汉竹图书微博
http://weibo.com/hanzhutushu

读者热线
400-010-8811

江苏凤凰科学技术出版社
全国百佳图书出版单位

目录

● 乳房有点硬，增大明显
● 乳头的颜色变深且很敏感
● 乳晕颜色逐渐加深

● 精子和卵子相遇结合的那刻，胎宝宝的性别就被决定了
● 胎宝宝的心脏跳动最早发生于受精后的第 22 天
● 孕 10 周，胎宝宝的所有器官基本上都已形成，部分器官已经开始工作

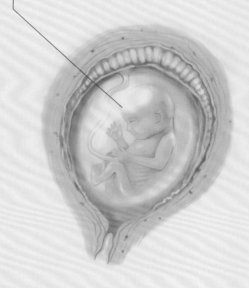

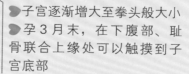

● 子宫逐渐增大至拳头般大小
● 孕 3 月末，在下腹部、耻骨联合上缘处可以触摸到子宫底部

孕早期

孕早期是指孕妈妈末次月经后的 12 周，在这期间，你的腹中发生着一场"变革"——小生命从无到有。从现在开始，你将经历生命中最大的变化，你将成为一个孩子的妈妈，也将完成你一生中向完美女人转变的一个重要过程。

1月	2月	3月
卵子	受精卵	车厘子
↓	↓	↓
受精卵	车厘子	李子
这个阶段的胎宝宝还是 1 颗受精卵，到月末，体重会达到 1 克、身长 1 厘米。	本月，胎宝宝会从芝麻大小的受精卵，长成 4 克车厘子大小的小人儿模样。	本月初，胎宝宝正式成为"胎儿"，到本月末，胎宝宝会长到 6 厘米左右、体重约 20 克，相当于 1 颗李子的大小。

孕1周

孕妈妈末次月经, 胎宝宝还没影儿

严格意义上说, 现在的你还只是一位准备期的孕妈妈, 要以健康的身体和轻松愉悦的心情, 等待宝贝的到来哦。

现在的"胎宝宝"还只是以精子和卵子的"前体"状态, 分别存于准爸爸、孕妈妈的体内。

本周宜忌

1 继续补充叶酸

很多孕妈妈已经知道, 在准备怀孕前的3个月就应该补充叶酸。其实, 280天的孕期里, 孕妈妈都需要摄入叶酸。叶酸是胎宝宝神经发育的关键营养素, 而孕早期是胎宝宝中枢神经系统生长发育的关键期, 如果在此关键期补充叶酸, 可使胎宝宝患神经管畸形的危险性降低。

"药补不如食补"是中国人的传统观念, 然而补叶酸却是反过来的。中国人的传统烹饪习惯容易破坏食物中的天然叶酸, 食补效果因此而大打折扣。也就是说, 服用叶酸增补剂比食补效果更好。

· 最好在医生的指导下, 选择、服用叶酸增补剂。

· 孕前长期服用避孕药、抗惊厥药的孕妈妈, 以及曾经生下过神经管缺陷宝宝的孕妈妈, 应在医生指导下, 适当调整每日的叶酸补充量。

· 长期服用叶酸增补剂会干扰体内的锌代谢, 锌一旦摄入不足, 就会影响胎宝宝的发育, 因此在补充叶酸的同时要注意补锌。

2 用食物排毒

孕妈妈现在要适当多喝一些果蔬汁, 适量食用海藻类食物、豆芽和韭菜。果蔬汁所含的生物活性物质能阻断亚硝胺对人体的危害, 有利于防病排毒; 海带、紫菜等海藻类所含的胶质能促使体内放射性物质随大便排出; 豆芽能清除体内致畸物质; 韭菜的膳食纤维有助于排出毒素。

3 减少在外就餐

准爸爸和孕妈妈最好减少在外就餐的次数, 尽量在家吃饭。一方面, 外面餐馆卫生条件参差不齐, 饮食健康难以保证; 另一方面, 餐馆饭菜为了增加鲜味与美味, 烹饪调料往往添加过多, 口味比较重, 而在矿物质和维生素含量方面则往往不足。经常在外就餐, 人体所需营养比例易失衡, 而菜品中大量的增鲜剂也会影响精子、卵子质量, 影响受孕。

4 吃饭速度不宜太快

食物未经充分咀嚼,进入胃肠道之后,与消化液的接触面积就会缩小。食物与消化液不能充分混合,会影响人体对食物的消化、吸收,使食物中的大量营养还未被人体所用就排出体外。久而久之,孕妈妈就得不到足够多的营养,造成营养不良,健康势必受到影响。此外,有些食物咀嚼不够,过于粗糙,还会加大胃的消化负担或损伤消化管道。

5 不宜吃罐头食品

任何危害胎宝宝的食品,孕妈妈都应尽量少吃或者不吃。在罐头的生产过程中,会加入食品添加剂,如甜味剂、香精等,这些人工合成的化学物质会对胚胎组织造成一定的损伤,容易导致畸形。即便是美味可口的罐头,孕妈妈也要主动克制,尽量远离。另外,罐头食品在制作、运输、存放过程中,如果消毒不彻底或者密封不好,就会造成细菌污染。

6 不宜偏食肉类

在孕早期,孕妈妈最好以清淡、易消化的食物为主,不宜偏食肉类。人体呈微碱状态是最适宜的,如果偏食肉类,会使体内环境趋向酸性,有可能导致胎宝宝大脑发育迟缓。

排骨肉瘦不肥,更容易被消化吸收,与豆角同炖,荤素搭配食用,营养更加均衡。

豆角炖排骨

忌吃 还想吃 偏食肉类的孕妈妈怎么吃

● 避免食用脂肪含量较高的肥肉。

● 减少畜肉的摄入,多食用禽肉和鱼肉。

● 尽量将纯肉类美食(例如红烧肉、可乐鸡翅等)替换成搭配时蔬的荤菜(例如青椒炒肉,鸡肉沙拉等),并且默默提醒自己,每吃一口肉,顺带两口菜,提升时蔬的摄入量。

每天营养餐单

月经期间，经血会带走身体中大量铁元素，而铁能为卵子提供充足养分。因此月经期间多吃菠菜、动物内脏等高铁食品，才能让卵子更健康。

菠菜可润肠通便，促进毒素排出，与猪肝搭配食用，可补充叶酸和铁。

三餐 + 两餐

产生卵子的卵巢是孕育宝宝的生命之源，也是保持女人健康与美丽的动力源泉。只有保证营养充足，才能产生健康的卵子。

现在开始，孕妈妈在保证一日三餐正常化的基础上，两餐之间各安排 1 次加餐，进食一些饼干、坚果、奶制品、鲜榨果汁和蔬菜水果，适当补充能量，均衡营养。

最理想的吃饭时间为：早餐 7~8 点、午餐 12 点、晚餐 6~7 点。每一餐孕妈妈都不能囫囵吞枣、草草了事，而且也不能合并。

科学食谱推荐

星期	早餐（二选一）		加餐
一	全麦面包 蔬菜沙拉 牛奶	燕麦粥 豆包 苹果	榛子 酸奶
二	玉米粥 馒头 香芹拌豆角	全麦面包 鸡蛋 牛奶	板栗糕 草莓
三	芝麻糊 鸡蛋 蔬菜沙拉	红枣小米粥 花卷	核桃 火龙果
四	香菇鸡汤面	芝麻烧饼 豆浆	粗粮饼干 酸奶
五	燕麦南瓜粥 豆包 鸡蛋	火腿奶酪三明治 猕猴桃汁	红豆西米露
六	全麦面包 牛奶 苹果	胡萝卜小米粥 鸡蛋	水果沙拉
日	八宝粥 鸡蛋 蔬菜沙拉	杂粮煎饼 豆浆	核桃 酸奶

本周食材购买清单

肉类：鲫鱼、猪肉、鸡肉、牛肉、虾仁、鲈鱼、带鱼、鱿鱼等。

蔬菜：菠菜、莲藕、油菜、茼蒿、番茄、土豆、小白菜、芹菜、豆角、西蓝花、茄子、山药、空心菜、胡萝卜、香菇、青椒、南瓜等。

水果：苹果、草莓、火龙果、橙子等。

其他：榛子、核桃、板栗、豆腐、黄豆、燕麦等。

中餐（二选一）		晚餐（二选一）		加餐
米饭 什锦烧豆腐 菠菜鱼片汤	米饭 青椒土豆丝 排骨海带汤	红枣鸡丝糯米饭 糖醋莲藕片片	番茄鸡蛋面 香菇油菜	紫菜包饭
米饭 鱿鱼炒茼蒿 鸡蛋羹	米饭 盐水鸭肝 蒜蓉茄子	米饭 肉松香豆腐 冬瓜海带汤	米饭 香菇油菜 土豆烧牛肉	粗粮饼干 酸奶
米饭 虾仁西蓝花 紫菜汤	米饭 蒜蓉空心菜 土豆炖牛肉	米饭 清蒸鲈鱼 芹菜炒百合	番茄面片汤 肉片炒香菇	全麦面包 牛奶
米饭 甜椒炒牛肉 凉拌土豆丝	米饭 香菇山药鸡 紫菜蛋汤	米饭 红烧带鱼 番茄炖豆腐	素蒸饺 豆角小炒肉	板栗 橙子
馒头 冰糖莲藕片 排骨海带汤	米饭 凉拌素什锦 抓炒鱼片	米饭 青椒土豆丝 番茄炖牛肉	豆角肉丁面 清炒小白菜	芝麻糊
米饭 西蓝花烧双菇 紫菜汤	米饭 糖醋排骨 清炒小白菜	红烧牛肉面 蒜蓉空心菜	米饭 糖醋莲藕片片 奶香香菇汤	紫菜包饭
米饭 甜椒牛肉丝 蛋花汤	番茄鸡蛋面 蒜蓉西蓝花	米饭 洋葱酱鱿鱼 香菇油菜	黄豆芝麻粥 土豆饼	粗粮饼干 猕猴桃

孕1周 孕妈妈末次月经，胎宝宝还没影儿 **19**

虾仁西蓝花

奶香香菇汤

火腿奶酪三明治

早餐 火腿奶酪三明治

原料： 吐司 2 片，生菜叶 1 片，番茄 1 个，奶酪、火腿、番茄酱各适量。

做法： ❶生菜叶洗净；番茄洗净切片；火腿切片。❷在一片吐司上依次铺上生菜、番茄、奶酪、火腿片，涂抹番茄酱，盖上另一片吐司，放入烤箱烘烤 5 分钟即可。

中餐 虾仁西蓝花

原料： 西蓝花 100 克，虾仁 50 克，彩椒、鸡蛋清、盐、姜片、蚝油、植物油各适量。

做法： ❶虾仁洗净，去除虾线，加入鸡蛋清调匀；西蓝花洗净掰成小朵；彩椒洗净切片。❷油锅烧热，爆香姜片，倒入西蓝花、彩椒翻炒均匀，倒入裹好鸡蛋清的虾仁，调入蚝油、盐，炒匀即可。

晚餐 奶香香菇汤

原料： 香菇 250 克，牛奶 125 毫升，洋葱半个，面粉、盐、黑胡椒粉、黄油各适量。

做法： ❶香菇洗净，沥干水，切片；洋葱洗净，切末。❷热锅放入黄油，待黄油融化后放入面粉翻炒 1 分钟，盛出备用。❸用锅中剩余黄油翻炒洋葱末、香菇片片刻，倒入牛奶、适量水及炒过的面粉，搅匀。❹调入盐、黑胡椒粉搅拌均匀即可。

早餐 胡萝卜小米粥

原料： 胡萝卜 1 根，小米 30 克。

做法： ❶胡萝卜洗净去皮，切成块；小米淘洗干净，备用。❷将胡萝卜块和小米一同放入锅内，加清水大火煮沸。❸转小火煮至胡萝卜绵软，小米开花即可。

中餐 土豆炖牛肉

原料： 牛后腱 200 克，土豆 200 克，胡萝卜、姜片、葱段、生抽、料酒、白糖、盐、植物油各适量。

做法： ❶牛后腱洗净，切块，入沸水汆烫去血水，捞出沥水；土豆、胡萝卜分别洗净，去皮，切块。❷油锅烧热，爆香姜片、葱段，加入牛肉块翻炒至变色，倒入生抽、料酒、白糖炒匀，加入土豆块、胡萝卜块，加水没过食材。❸大火煮开，转小火煮至土豆熟烂，最后大火收汁，加入盐调味即可。

晚餐 肉松香豆腐

原料： 豆腐 200 克，肉松 30 克，蒜片、椒盐、植物油各适量。

做法： ❶豆腐洗净，切块。❷油锅烧热，爆香蒜片，放入豆腐，用小火两面煎。❸煎至豆腐金黄色后加入适量椒盐、肉松，将豆腐翻面，均匀沾上肉松即可。

胡萝卜小米粥

土豆炖牛肉

肉松香豆腐

孕2周
孕妈妈进入排卵期，胎宝宝是枚矜贵的卵子

本周末，孕妈妈的排卵期就会开始，现在，你应该将"造人"纳入自己的生活计划。

月经结束了，孕妈妈的体内悄悄释放出一枚矜贵的卵子，这枚卵子在孕妈妈的身体里安静地等待精子的到来。

本周宜忌

1 每周吃 1~2 次动物肝脏
动物肝脏中富含铁和维生素 A，孕妈妈适当摄入，对自身身体健康和胎宝宝发育都有好处，但是，并不是多多益善。孕妈妈吃动物肝脏以每周 1~2 次为宜，每次 50 克左右。

2 每天喝牛奶
整个孕期，孕妈妈要储备约 50 克的钙，其中 30 克供给胎宝宝。而牛奶中的钙易被人体吸收，且含有维生素 A、维生素 D 等营养素，均是孕妈妈需要的。营养学家发现，孕妈妈每天喝 1 杯牛奶，会使胎宝宝的平均体重增加 41 克。因此，牛奶非常适合孕妈妈每天喝。

3 正确认识排卵期出血
一般来说，排卵期偶尔有少量的出血不会影响到怀孕，但是很多夫妻可能因排卵期出血而中止性生活，错过受孕时机。其实，导致排卵期出血的原因主要是因为成熟的卵泡破裂，雌激素水平突然下降，不能满足子宫内膜生长的需求，造成子宫内膜表层局部溃破、脱落，从而发生少量出血。但是，排卵期长期出血或者出血量多的话，就要及时看医生了。

4 放松心情、快乐性生活
夫妻双方良好的精神状态，可以使精力、体力、智力、性功能都处于高峰期，精子和卵子的质量也高，这时候受精，有利于优生优育。因此在备孕期间要放松心情，学会缓解压力，这样才能快速成功受孕并怀上最棒的一胎。

5 不宜多吃橘子

橘子味香、汁甜，并且营养丰富。但橘子性温味甘，过量食用容易引起燥热而使人上火，发生口腔炎、牙周炎、咽喉炎等。而且，孕妈妈一次或者多次食用大量橘子后，身体内的胡萝卜素会明显增多，肝脏来不及把胡萝卜素转化为维生素A，会使皮肤内的胡萝卜素沉积，并伴有恶心等症状。孕妈妈每天吃橘子不应超过3个。

6 早餐不宜吃油条

每吃2根油条就等于吃进去3克明矾，因此，孕妈妈要改掉早餐吃油条的习惯。此外，由于炸油条使用的明矾含有铝，铝会通过胎盘进入胎宝宝大脑，影响智力发育。而且油条难消化、营养价值低，经常吃油条还会增加热量的摄入。如果一定要吃，请选择无明矾添加的健康油条。

7 乳糖不耐受者不宜喝牛奶

喝牛奶是孕妈妈在孕期补充钙质的最好方法，但对于有乳糖不耐症的孕妈妈而言，喝牛奶后可能会出现腹胀、腹痛、腹泻、排气增多等不适症状。这主要是由于消化道内缺乏乳糖酶，不能将牛奶中的乳糖完全分解被小肠吸收，残留过多的乳糖进入结肠又不能在结肠发酵利用所致。因此，有乳糖不耐症的孕妈妈最好改喝酸奶。

比起市售的油条，家庭自制的鸡蛋饼更营养健康，加入紫菜，能够提升饼的鲜味。

鸡蛋紫菜饼

忌吃 还想吃 喝牛奶有讲究

● 不宜空腹喝牛奶，尤其是早上，喝牛奶前最好吃点面包或糕点。

● 牛奶和果汁不能同时饮用，果汁中的酸性物质会影响牛奶中蛋白质的吸收，两者饮用最好间隔1~2小时。

● 不爱喝牛奶和有乳糖不耐症的孕妈妈，可以用酸奶代替牛奶。

● 少量多次饮用更利于牛奶中钙质的吸收，如500毫升的牛奶分2次饮用比1次喝完更能起到补钙的作用。

每天营养餐单

怀孕之后，孕妈妈身体的变化、血液量的增加、胎宝宝的生长发育以及孕妈妈每日活动的能量需求，都需要从食物中摄取大量蛋白质。

银鱼富含蛋白质及多种微量元素，而且脂肪含量低，是孕妈妈食补的佳选。

蛋白质补给：充足、优质

孕早期，蛋白质要求达到每日 70~75 克，比孕前多 15 克。孕妈妈每周吃 2 次鱼或虾、干贝等，除了鸡蛋、牛奶和肉类外，每天 3~5 粒花生、核桃等，就能保证蛋白质需求。而食物来源应丰富多样，鱼、肉、蛋、奶都应有所摄入，才能保证营养均衡。

蛋白质的补给要在碳水化合物供给充分的条件下进行，如果孕妈妈不摄入碳水化合物而仅摄入蛋白质，则大部分蛋白质都会被用来供给母体工作生活所需的热量，因此，孕妈妈要同时吃些主食，以提高蛋白质的利用价值。

科学食谱推荐

星期	早餐（二选一）		加餐	
一	芝麻粥 鸡蛋 蔬菜沙拉	全麦面包 牛奶 苹果	粗粮饼干	
二	香菇菜心鸡蛋面	芝麻烧饼 豆浆 香蕉	全麦面包	
三	肉松面包 牛奶 苹果	燕麦南瓜粥 豆包 草莓	榛子 酸奶	
四	玉米粥 馒头	火腿奶酪三明治 苹果	酸奶草莓布丁	
五	三鲜馄饨 花卷	肉包 罗宋汤	蔬菜沙拉	
六	全麦面包 牛奶 苹果	扬州炒饭 凉拌番茄	粗粮饼干 酸奶	
日	燕麦南瓜粥 煮鸡蛋 苹果	番茄鸡蛋面 花卷	核桃 香蕉酸奶	

本周食材购买清单

肉类：虾仁、牛肉、猪肉、鸡肉、鳜鱼、鲈鱼、带鱼等。

蔬菜：圆白菜、芹菜、香椿芽、豆角、胡萝卜、青菜、西葫芦、芦笋、番茄、荷兰豆、生菜、丝瓜、土豆、冬瓜、莲藕、黄豆芽、金针菇、黄瓜等。

水果：苹果、香蕉、草莓、木瓜、雪梨等。

其他：核桃、豆腐、香干、开心果、青豆、鸡蛋、榛子、红豆等。

中餐（二选一）		晚餐（二选一）		加餐
米饭 虾仁豆腐 紫菜汤	烙饼 青椒炒肉丝 香干炒芹菜	米饭 焖牛肉 香椿芽拌豆腐	豆角肉丁面 香菇油菜	水果拌酸奶 开心果
米饭 甜椒炒牛肉 家常焖鳜鱼	豆腐馅饼 虾仁西葫芦 清炒油菜	牛肉饼 香干炒芹菜 芦笋炒百合	米饭 清蒸鲈鱼 番茄鸡蛋汤	核桃 苹果 牛奶
米饭 什锦烧豆腐 牡蛎烧生菜	米饭 丝瓜金针菇 排骨海带汤	番茄鸡蛋面 香菇油菜 抓炒鱼片	红枣鸡丝糯米饭 家常焖鳜鱼 凉拌土豆丝	红豆西米露
米饭 五香带鱼 孜然土豆丁	鸡丝面 蒜蓉茄子 番茄炒鸡蛋	米饭 糖醋莲藕片 冬瓜排骨汤	米饭 芦笋炒虾仁 冬瓜汤	紫菜包饭
黑豆饭 糖醋莲藕片 香菇山药鸡	米饭 西蓝花烧双菇 土豆烧牛肉	米饭 菠菜炒鸡蛋 鲜蘑炒豌豆	香煎米饼 炖排骨 珊瑚白菜	芝麻糊 苹果
米饭 胡萝卜炖牛肉 凉拌素什锦	米饭 家常焖鳜鱼 蒜香黄豆芽	米饭 香菇油菜 豌豆鸡丝	米饭 青椒土豆丝 糖醋排骨	奶炖木瓜雪梨
豆腐馅饼 凉拌黄瓜 排骨海带汤	米饭 虾仁西葫芦 青椒土豆丝	米饭 荷兰豆炒鸡柳 肉丝银芽汤	馒头 干煎带鱼 紫菜汤	全麦面包 牛奶

香煎米饼

罗宋汤

孜然土豆丁

早餐 罗宋汤

原料: 番茄 1 个,胡萝卜半根,圆白菜 100 克,番茄酱、白糖、黄油各适量。

做法: ❶番茄洗净,去皮切丁;胡萝卜洗净切丁;圆白菜洗净切丝。❷在锅内放入黄油,中火加热,待黄油半融后,加入番茄丁,炒出香味,加入番茄酱。❸锅内加水,放入胡萝卜,炖煮至胡萝卜绵软、汤汁浓稠。❹加入圆白菜丝,再煮 10 分钟,出锅前加白糖调味即可。

中餐 孜然土豆丁

原料: 土豆 250 克,孜然、盐、黑胡椒粉、黑芝麻、植物油各适量。

做法: ❶土豆洗净,去皮,切成丁。❷油锅烧热,放入土豆丁翻炒至变软,调入孜然、盐、黑胡椒粉、黑芝麻翻炒均匀即可。

晚餐 香煎米饼

原料: 米饭 100 克,鸡肉 50 克,鸡蛋 2 个,葱花、盐、植物油各适量。

做法: ❶米饭搅散;鸡肉洗净,切末;鸡蛋打匀。❷米饭中加入鸡肉末、鸡蛋、葱花和盐搅拌均匀。❸炒锅倒入油摇晃均匀,将搅拌好的米饭平铺,小火加热至米饼成形,翻面后继续煎 1~2 分钟即可。

早餐 扬州炒饭

原料： 米饭 100 克，鸡蛋 1 个，火腿 50 克，黄瓜、青豆、虾仁各 50 克，葱花、盐、植物油各适量。

做法： ❶米饭打散；鸡蛋加盐打散；黄瓜洗净，与火腿分别切丁；青豆洗净；虾仁洗净，去虾线。❷油锅烧热，倒入打散的鸡蛋，炒成块，盛出备用。❸油锅烧热，爆香葱花，放入火腿丁、青豆、虾仁翻炒出味，加入米饭、鸡蛋块、黄瓜丁翻炒开，加盐翻炒均匀即可。

中餐 胡萝卜炖牛肉

原料： 牛肉 100 克，胡萝卜 150 克，姜末、干淀粉、酱油、料酒、盐、植物油各适量。

做法： ❶牛肉洗净，切块，用姜末、干淀粉、酱油、料酒调味，腌制 10 分钟；胡萝卜洗净，去皮切块。❷油锅烧热，放入腌好的牛肉翻炒，加适量水，大火烧沸，转中火炖至六成熟，加入胡萝卜，炖煮至熟，加盐调味即可。

晚餐 荷兰豆炒鸡柳

原料： 荷兰豆 200 克，胡萝卜 50 克，鸡胸肉 200 克，鸡蛋清 1 个，干淀粉、姜片、盐、植物油各适量。

做法： ❶荷兰豆择洗干净。胡萝卜去皮切片，分别入沸水断生；鸡胸肉洗净，切条，加鸡蛋清、干淀粉腌制 15 分钟。❷油锅烧热，爆香姜片，加入鸡胸肉翻炒至变色，放入荷兰豆、胡萝卜翻炒均匀，加盐调味即可。

扬州炒饭

荷兰豆炒鸡柳

胡萝卜炖牛肉

孕3周

受孕的最好时机，胎宝宝是颗受精卵

这周，孕妈妈可能就要受孕了。受孕期间，夫妻双方都要保持心情舒畅，吃好，休息好，工作也不要那么拼命了。

那个幸运的胜利者，已经"过五关、斩六将"的精子得到了卵子的青睐，它们互相亲吻，成功地结合为受精卵。

本周宜忌

1 每日饮食兼顾"五色"

食物的颜色与人体五脏相互对应，合理搭配是营养均衡的基础。所谓"五色"，是指红、黄、白、绿、黑五种颜色的食物，每日饮食尽量将五种颜色的食物搭配齐全，做到营养均衡。红色食物如番茄、草莓、红肉等，黄色食物如玉米、黄豆、南瓜、橙子等，白色食物如白萝卜、冬瓜、菜花等，绿色食物主要指各种绿叶蔬菜，黑色食物如黑豆、黑芝麻、黑糯米、香菇、乌鸡等。

2 喝豆浆调激素

孕妈妈们，从现在起，每天来杯自制新鲜豆浆吧。豆浆中含有一种与雌激素相似的大豆异黄酮，又称植物雌激素，黄豆中的植物雌激素被公认为是迄今为止雌激素含量最高的食物。如果孕妈妈雌激素不足，那么在日常生活中可以每天喝杯豆浆。

此外，研究发现，长期喝豆浆，还可以延缓皮肤衰老，使皮肤看上去细腻光洁。对于孕期素面朝天的孕妈妈来说，是再合适不过的了。

3 每周至少吃1次鱼

鱼类食物含有大量的优质蛋白质，还含有丰富的不饱和脂肪酸，不仅营养丰富，口感细嫩，而且容易消化。孕妈妈每周至少吃1次鱼，这对胎宝宝机体和大脑的健康发育大有裨益。淡水鱼里常见的鲈鱼、鲫鱼、草鱼、黑鱼，深海鱼里的三文鱼、鳕鱼、鳗鱼等，都是不错的选择。孕妈妈不要只吃一种鱼，尽量吃不同种类的鱼。值得注意的是，保留鱼类营养的最佳烹饪方式是清蒸。

4 减少接触辐射

孕妈妈应该都知道，电脑、手机有辐射，其实，电磁炉比电脑辐射还要厉害，还有电吹风、微波炉等日常生活用品也有辐射。在日常生活中，不可避免地要受到各种辐射，但是孕妈妈要特别注意辐射源及辐射强度，能躲则躲，带有辐射的电器尽量不用，以免让这些看不见的辐射影响了自己和胎宝宝的健康。

5 不宜过量食用高糖食物

怀孕后，由于体内胎宝宝的需要和孕妈妈本身代谢的变化，如不多加注意，就容易增加患妊娠糖尿病的风险。如果孕妈妈在孕期过量摄入高糖食物，或者富含碳水化合物的食物，患上妊娠糖尿病的概率就会大大增加，不仅不利于孕妈妈身体健康，也不利于胎宝宝健康成长。

6 不宜多吃泡菜、酸菜

不少孕妈妈在孕早期嗜好酸味的食物，但一定要注意不宜多吃，特别是泡菜、酸菜。由于孕早期胎宝宝耐酸度低，母体摄入过量加工过的酸味食物，会影响胚胎细胞的正常分裂增生，诱发遗传物质突变，容易导致畸形。

7 不宜多吃辛辣食物

辣椒、芥末、韭菜、茴香、生姜、咖喱等辛辣食物和调味料，少量食用能增进食欲，如果吃多了就会刺激肠胃，易引起消化功能紊乱。怀孕后，随着胎宝宝成长，本身就会导致孕妈妈消化功能紊乱，造成便秘等问题。若孕妈妈在孕早期过于嗜辣，不但会加重肠胃负担，引发更严重的便秘或痔疮，而且会影响孕妈妈对胎宝宝的营养供给。

番茄酸酸甜甜的口味和芝士浓浓的奶香，不仅能提高食欲，还能改善孕早期的妊娠反应。

芝士炖饭

忌吃 还想吃 孕妈妈怎么健康吃酸

● 避免吃泡菜、酸菜等加工过的酸味食物，山楂及山楂制品会引起宫缩，也不宜吃。

● 可以改吃天然的酸味食物，如番茄、樱桃、草莓、橙子、石榴等。

每天营养餐单

在这个阶段，孕妈妈要注意衣着起居，若不慎患病发热，危害极大。因此，孕妈妈要多吃蔬菜水果，以提高身体抵抗力。

每天 2 个猕猴桃就能满足孕妈妈每日所需的维生素 C。

保证维生素 C 的摄入

维生素 C 是公认的多功能营养素，对孕妈妈、胎宝宝必不可少。但是，人体对维生素 C 的利用率低，很容易因摄入不足而引起维生素 C 缺乏。对于刚刚怀孕的孕妈妈来说，多吃一些富含维生素的水果，如苹果、香蕉、樱桃、草莓等，不但可以减轻妊娠反应，促进食欲，而且对胎宝宝的健康发育大有好处。

孕期维生素 C 的推荐量为每日 110~115 毫克，满足这个需求的有：半个番石榴，或 2 个猕猴桃，或 150 克草莓，或 1 个柚子，或半个番木瓜，或 150 克菜花，或 250 毫升橙汁。

科学食谱推荐

星期	早餐（二选一）		加餐	
一	豆浆 素包 鸡蛋	南瓜粥 玉米面发糕	粗粮饼干 酸奶	
二	绿豆荞麦粥 鸡蛋	火腿奶酪三明治 苹果	开心果	
三	全麦面包 牛奶 蔬菜沙拉	百合粥 南瓜饼 猕猴桃	芝麻糊	
四	黑豆红枣粥 鸡蛋	菠菜鸡蛋饼 豆浆	葡萄干	
五	番茄面片汤 南瓜饼	全麦面包 牛奶 蔬菜沙拉	核桃 酸奶	
六	素蒸饺 豆浆	椰味红薯粥 鸡蛋	红豆西米露	
日	荞麦粥 豆沙包	五彩玉米羹 土豆饼	莲子银耳羹	

本周食材购买清单

肉类：虾仁、猪肉、排骨、鸡肉、牛肉、鲫鱼、鲈鱼等。

蔬菜：茄子、土豆、小白菜、芦笋、丝瓜、胡萝卜、黄豆芽、油菜、青菜、番茄、菠菜、圆白菜、空心菜、毛豆、山药等。

水果：猕猴桃、西柚、苹果、火龙果、木瓜、草莓等。

其他：全麦面包、粗粮饼干、绿豆、荞麦、鸡蛋、鹌鹑蛋、黑豆、红枣、开心果、葡萄干、玉米粒、白果、腰果、豆腐、葵花子、芝麻等。

中餐（二选一）		晚餐（二选一）		加餐
米饭 宫保素三丁 金针菇炒蛋	米饭 奶香鸡丁 清炒小白菜	青菜肉丝汤面 凉拌土豆丝	番茄菠菜面 芝麻圆白菜	葵花子 苹果
米饭 鲜蔬小炒肉 番茄炖豆腐	米饭 什锦西蓝花 红烧带鱼	米饭 清蒸鲈鱼 蒜蓉空心菜	米饭 香菇油菜 肉丝炒豆芽	粗粮饼干 酸奶
荞麦凉面 山药五彩虾仁	米饭 香菇炒菜花 糖醋排骨	米饭 毛豆烧鸡 清炒圆白菜	豆角焖米饭 干切牛肉片 蛋花汤	牛奶水果羹
米饭 清蒸茄子 土豆炖牛肉	小米蒸排骨 紫菜汤	米饭 菠菜炒鸡蛋 清蒸鲈鱼	米饭 番茄炒蛋 豆角小炒肉	火龙果 酸奶
米饭 鹌鹑蛋烧肉 清炒小白菜	米饭 甜椒牛肉丝 素什锦	米饭 家常焖鳜鱼 芦笋蘑菇汤	米饭 蜂蜜红薯角 三丁豆腐羹	牛奶炖木瓜 草莓
米饭 丝瓜炒鸡蛋 鲫鱼豆腐汤	米饭 里脊肉炒芦笋 蒜香黄豆芽	红烧牛肉面 凉拌空心菜	玉米胡萝卜粥 蜜汁南瓜	水果沙拉
米饭 胡萝卜炖牛肉 清炒黄豆芽	米饭 松子爆鸡丁 番茄鸡蛋汤	牛肉饼 菠菜鱼片汤	菠萝虾仁烩饭 蓝莓山药	奶炖木瓜雪梨

早餐 百合粥

原料： 百合 20 克，粳米 30 克，冰糖、枸杞子各适量。

做法： ❶百合撕瓣，洗净；粳米洗净。❷将粳米放入锅内，加适量清水，快熟时，加入百合、冰糖，煮成稠粥，出锅前加枸杞子点缀即可。

中餐 奶香鸡丁

原料： 鸡腿肉 200 克，木瓜 1 个，淡奶油 120 毫升，盐、干淀粉、植物油各适量。

做法： ❶鸡腿肉剔骨去皮，切成丁，用盐、干淀粉腌一会儿；木瓜切开，取木瓜肉切丁。❷油锅烧热，放入鸡肉丁炒至变色，加入淡奶油，改小火慢慢收汁。❸汁快收好后，放入木瓜丁，翻炒均匀即可。

晚餐 蜂蜜红薯角

原料： 红薯 1 个，蜂蜜、干桂花、黄油各适量。

做法： ❶红薯去皮，切成不规则的粗条，和黄油拌匀，放入烤盘。❷烤箱预热至 200℃，放入红薯条烤 20 分钟至红薯条略微焦黄，取出晾凉。❸在红薯角上淋上蜂蜜，撒上干桂花即可。

一日三餐举例

百合粥

奶香鸡丁

蜂蜜红薯角

早餐 五彩玉米羹

原料: 玉米粒 50 克,鸡蛋 1 个,豌豆、枸杞子、青豆、冰糖、水淀粉各适量。

做法: ❶将玉米粒洗净;鸡蛋打散;豌豆、枸杞子均洗净。❷将玉米粒放入锅中,加清水煮至熟烂,放入豌豆、枸杞子、青豆、冰糖,煮 5 分钟,加水淀粉勾芡,使汁变浓。❸淋入蛋液,搅拌成蛋花,烧开即可。

中餐 小米蒸排骨

原料: 排骨 250 克,小米 100 克,甜面酱、豆瓣酱、冰糖、料酒、盐、植物油各适量。

做法: ❶排骨洗净,斩成段;小米洗净。❷排骨加豆瓣酱、甜面酱、冰糖、料酒、盐、植物油拌匀,加入小米,装入蒸碗内,上笼用大火蒸熟即可。

晚餐 蜜汁南瓜

原料: 南瓜 300 克,红枣、白果、枸杞子、蜂蜜、白糖、姜片、植物油各适量。

做法: ❶南瓜去皮,切丁;红枣、枸杞子用温水泡发。❷切好的南瓜丁放入盘中,加入红枣、枸杞子、白果、姜片,入蒸笼蒸 15 分钟。❸锅内放少许油,加水、白糖和蜂蜜,小火熬制成汁,倒在南瓜上即可。

孕4周

孕妈妈子宫有了"租客"，胎宝宝"着床"

孕妈妈的子宫已经为胎宝宝"安家落户"做好了准备，一个丰富多彩的孕期生活即将开始。

等子宫内膜准备好了，受精卵会在那里找个合适的地方着床，此时的胎宝宝还只是一个小小的胚胎。

本周宜忌

1 饮食调理抗疲劳

一般情况下，受精卵的着床不会给孕妈妈带来什么特别的感觉。但是，身体黄体素的大量分泌，会让平时精力充沛的你觉得筋疲力尽。

饮食上，孕妈妈可吃些能够缓解疲劳的碱性食物，如西蓝花、芹菜、油菜、小白菜等；钙质是压力缓解剂，孕妈妈要多食含钙丰富的乳制品、海产品和肉类。此外，多吃一些干果，如花生、杏仁、腰果、核桃等，也能有效地赶走疲劳。

2 暂时停止同房

不管你们的小生命有没有光临，准爸爸和孕妈妈的甜蜜性生活都要暂时告一段落了。因为如果怀上胎宝宝的话，在孕早期，胚胎和胎盘都还没有发育完善。

一方面，胎盘尚未发育成熟，胎盘与子宫壁的连接还不紧密；另一方面，孕妈妈防止流产的孕激素分泌还不充分，如果此时进行性生活，精液中含有的前列腺素会对产道产生刺激，使子宫发生强烈收缩，很容易导致流产。

3 谨慎化妆

怀孕后，孕妈妈的皮肤会出现诸多麻烦，敏感、长痘、干燥和出油。建议孕妈妈收起美白祛斑霜、口红、指甲油之类的彩妆，根据自己的皮肤状态选择较为安全的护肤品，并多让皮肤在自然状态下呼吸。一些温和、刺激性低的护肤品，如婴儿乳液、婴儿霜等，用料比较天然，可以根据自己的肤质选用。此外，现在市场上孕妈妈专用的护肤品，也可以放心选用，相信素颜的你也同样美丽。

4 不宜轻易用药

由于孕激素带来的变化，身体会出现疑似"感冒"的症状，疏忽大意的孕妈妈可能在不知情的情况下误吃药物。通常而言，怀孕后身体温度会有所升高，一般基础体温保持在36.1~36.4℃，排卵期体温会升高0.5℃。只有当体温达到37.5℃以上时，才说明可能是感冒引起的发热。如果是感冒，还会出现流鼻涕、关节疼痛等症状。

5 不宜喝碳酸饮料

怀孕期间，孕妈妈和胎宝宝对铁的需求量，比任何时候都要多。因为碳酸饮料中的磷酸盐进入肠道后，能与食物中的铁发生化学反应，形成难以被人体吸收的物质。如果孕妈妈多喝可乐、汽水等碳酸饮料，更容易导致缺铁性贫血，影响胎宝宝和自身的健康。同时，有些碳酸饮料中含有大量的钠，如果孕妈妈经常喝，会加重妊娠水肿。

6 不宜吃大补食物

有了胎宝宝之后，传统观念里的"一人吃两人补"的想法多少会影响孕妈妈，尤其是怀孕之后还坚持工作的孕妈妈，总想着吃点滋补品。人参、蜂王浆等滋补品含有较多的激素，孕妈妈滥用这些滋补品会干扰胎宝宝的生长发育，而且滋补品吃得过多，会影响正常饮食营养的摄取吸收，引起整个内分泌系统的紊乱和功能失调。

牛奶和山药，缓解了燕麦的粗糙口感，同时起到养气补血、滋补身体的功效。

牛奶山药燕麦粥

忌吃还想吃　想要滋补的孕妈妈怎么吃

● 平时可用枸杞子、莲藕、山药等食材熬粥或炖汤，滋补的同时养胃护脾，每次1~2小碗。

● 日常适量多吃猪肉（瘦肉为主）、猪肝、鸭血、葡萄干、蓝莓、香菇、菠菜等含铁丰富的食物，不仅可以补血，同时还有滋补的功效。

● 当食物不能满足身体需求时，可以选择服用滋补品，但必须充分了解滋补品的适用范围、有效成分和服用剂量，避免误服或过量。

每天营养餐单

孕 4 周，胎宝宝逐渐开始发育，这是一个关键期，孕妈妈要注意合理饮食，多摄取具有保胎作用的维生素 E。

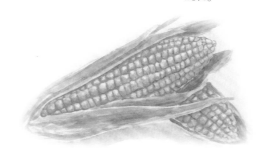

玉米中丰富的维生素 E 有助于安胎，与核桃同食，还能促进维生素 E 的吸收。

安胎保健：维生素 E

维生素 E 有助于安胎保健，它的来源主要有植物油，如小麦胚芽油、葵花子油、玉米油；坚果类，如花生、杏仁、榛子、核桃；以及豆类、蛋类、牛奶及其制品、牛肝、猪肉、番茄、苹果等。

孕期，维生素 E 的推荐摄入量为每日 20 毫克，孕妈妈用富含维生素 E 的植物油炒菜食用，即可获得足够的摄入量。除了用富含维生素 E 的植物油炒菜食用外，还可以通过下面推荐的食物搭配来满足孕妈妈对维生素 E 的需求：核桃 + 玉米，腐竹 + 虾皮，全麦面包 + 花生酱。

科学食谱推荐

星期	早餐（二选一）		加餐	
一	全麦面包 牛奶 蔬菜沙拉	玉米粥 馒头 苹果	粗粮饼干 酸奶	
二	芝麻糊 鸡蛋 香蕉	香菇菜心面 鸡蛋	全麦面包 牛奶	
三	全麦面包 牛奶 草莓	土豆饼 豆浆	苹果	
四	小米粥 花卷 鸡蛋	三鲜馄饨 花卷	开心果 香蕉	
五	黄豆芝麻粥 南瓜饼	火腿奶酪三明治 猕猴桃汁	粗粮饼干 酸奶	
六	麻酱拌面 鸡蛋玉米羹	山药牛奶燕麦粥 豆包	芝麻糊 香蕉	
日	荞麦南瓜米糊 家常鸡蛋饼	南瓜包 豆浆	水果沙拉	

本周食材购买清单

肉类：鸡肉、牛肉、虾仁、干贝、鳕鱼、带鱼、黄花鱼、鲈鱼等。

蔬菜：西蓝花、番茄、白萝卜、空心菜、青菜、土豆、芸豆、芹菜、黄豆芽、冬瓜、荠菜、豆角、香菇、口蘑、荸荠、洋葱等。

水果：苹果、菠萝、香蕉、草莓、橘子、猕猴桃、柠檬等。

其他：海带、玉米粒、鸡蛋、榛子、核桃、奶酪、豆腐等。

中餐（二选一）		晚餐（二选一）		加餐
米饭 板栗烧仔鸡 什锦西蓝花	米饭 鲜虾芦笋 番茄蛋汤	米饭 家常焖鳜鱼 白萝卜海带汤	红烧牛肉面 凉拌空心菜	菠萝
红枣鸡丝糯米饭 蒜蓉空心菜 紫菜汤	米饭 甜椒牛肉丝 番茄炒鸡蛋	米饭 五香带鱼 香菇油菜	三鲜汤面 芸豆烧荸荠	榛子 枸杞子红枣茶
米饭 西蓝花烧双菇 丝瓜豆腐汤	米饭 柠檬煎鳕鱼 芹菜炒百合	米饭 番茄炖豆腐 鸡蓉干贝	米饭 洋葱炒牛肉 冬瓜排骨汤	核桃 酸奶
米饭 土豆炖牛肉 冬瓜海带汤	米饭 五香带鱼 板栗扒白菜	米饭 凉拌藕片 紫菜汤	番茄面片汤 西蓝花烧双菇	全麦面包 酸奶
米饭 宫保素丁 油菜香菇汤	豆角焖米饭 银芽肉丝汤	米饭 芝麻圆白菜 黄花鱼炖茄子	三鲜汤面 香菇炒菜花	奶酪手卷 干鱼片
米饭 香菇豆腐塔 番茄炖牛肉	米饭 松子爆鸡丁 茄汁菜花	虾仁蛋炒饭 紫菜汤	米饭 小米蒸排骨 菠菜蛋汤	橘瓣银耳羹
米饭 清蒸鲈鱼 番茄炖豆腐	米饭 炒豆芽 鸭块白菜	排骨汤面 蒜香黄豆芽	米饭 芹菜百合炒虾仁 番茄蛋汤	蛋奶炖布丁

柠檬煎鳕鱼

鸡蓉干贝

麻酱拌面

Chopsticks

Copper Pot

早餐 麻酱拌面

原料：面条 100 克，黄瓜半根，香菜、芝麻酱、生抽、盐、白糖、香油、白芝麻、花生仁、植物油各适量。

做法：❶黄瓜洗净，切丝；香菜洗净，切碎；混合芝麻酱、生抽、盐、白糖和香油，调成酱汁。❷油锅烧热，小火翻炒白芝麻、花生仁至出味，盛出碾碎备用。❸面条放入沸水中，煮熟后过凉淋干，盛盘。❹将酱汁淋在面上，撒上黄瓜丝、香菜碎、花生芝麻碎，搅拌均匀即可。

中餐 柠檬煎鳕鱼

原料：鳕鱼肉 1 块，柠檬 1 个，盐、鸡蛋清、水淀粉、植物油各适量。

做法：❶柠檬洗净，去皮榨汁；鳕鱼清洗干净，切小块，加入盐、柠檬汁腌制片刻。❷将腌制好的鳕鱼块裹上鸡蛋清和水淀粉。❸油锅烧热，放入鳕鱼煎至两面金黄即可。

晚餐 鸡蓉干贝

原料：鸡胸肉 100 克，干贝碎末 80 克，鸡蛋 2 个，高汤、盐、香油、植物油各适量。

做法：❶鸡胸肉洗净，剁成蓉，兑入高汤，打入鸡蛋，用筷子快速搅拌均匀，加入干贝碎末、盐拌匀。❷油锅烧热，将以上材料下锅，翻炒，待鸡蛋凝结成形时，淋入香油即可。

早餐 三鲜馄饨

原料： 猪肉 250 克，馄饨皮 300 克，鸡蛋 1 个，虾仁 20 克，紫菜、香菜末、盐、高汤、香油各适量。

做法： ❶鸡蛋打散，平底锅刷一层薄油，蛋液入油锅摊成蛋皮，取出晾凉切丝；猪肉洗净剁碎，加盐拌成馅。❷馄饨皮包入馅，包成馄饨。❸在沸水中下入馄饨、虾仁、紫菜；加 1 次冷水，待再沸捞起馄饨放在碗中。❹碗中放入蛋皮丝、香菜末，加入盐、高汤，淋上香油即可。

中餐 茄汁菜花

原料： 菜花 300 克，番茄 1 个，葱花、蒜片、番茄酱、盐、植物油各适量。

做法： ❶番茄洗净，去皮，切块；菜花洗净，掰成朵，入沸水断生。❷油锅烧热，爆香葱花、蒜片，加入番茄酱，翻炒出香味，放入菜花、番茄，翻炒至番茄出汤，大火收汁，加盐调味即可。

晚餐 凉拌藕片

原料： 莲藕 200 克，柠檬半个，蜂蜜、盐各适量。

做法： ❶莲藕洗净去皮，切薄片；沸水中加盐，焯熟莲藕片，取出放凉。❷将柠檬汁与适量蜂蜜调和；柠檬皮切丝。❸将调好的柠檬汁淋在莲藕片上，柠檬丝做装饰，待入味即可。

孕5周

孕妈妈开始"害喜"，胎宝宝只有苹果籽那么大

胎宝宝在孕妈妈子宫里安营扎寨已有些时日，孕妈妈的早孕反应也来报到了。

在孕妈妈肚中的胎宝宝，现在还只是一个小胚胎，大约长4毫米，重量不到1克，只有苹果籽那么大。

本周宜忌

1 吃简单又营养的早餐

孕早期的妊娠反应让很多孕妈妈要么没胃口，要么想吃重口味的食物。刚起床时可能胃口不是太好，孕妈妈不必摄入过高的热量，补充水分很关键。最好喝1杯牛奶，吃一点清淡的粥等主食，再适当吃些蔬菜水果，这样搭配简单又营养。

2 吃苹果缓解孕吐

在孕早期，孕妈妈的妊娠反应比较严重，口味比较挑剔。这时候不妨吃个苹果，不仅可以生津止渴、健脾益胃，还可以有效缓解孕吐。研究证明，苹果还有缓解不良情绪的作用，对遭受孕吐折磨、心情糟糕的孕妈妈有安心静气的好处。孕妈妈吃苹果时要细嚼慢咽，或将其榨汁饮用，每天1个即可。

3 吃香蕉镇静安神

香蕉含有丰富的叶酸和维生素 B_6，叶酸、维生素 B_6 的储存可以保证胎宝宝神经管的正常发育。此外，香蕉中所含的维生素 B_6 对早孕反应还有一定的缓解作用。孕妈妈有空的时候，在家调一杯清鲜爽口的香蕉玉米汁，可改善心情、镇静安神。

4 躲开安检那道线

除了避免日常辐射外，安检系统也是孕妈妈要尽量远离的。安检系统是利用X射线穿过物体时成像的原理，影像再通过计算机处理，在电脑屏幕上显示出可以辨认的图像而评估物件的安全性。虽然目前医学上还没有安检对胎儿造成不良影响的案例，但孕妈妈最好"躲开"。

5 不宜劳累做家务

一直以来，做饭洗碗可能都是孕妈妈的事，这个时候你就可以理直气壮地坐在沙发上，看着准爸爸在厨房里手忙脚乱，享受一下"饭来张口"的滋味。厨房里的二氧化碳、电磁辐射，都会影响胎宝宝的正常发育，此外厨房里还有让孕妈妈闻了就想吐的油烟味。

一般浴室地面较滑，一不小心就容易滑倒，所以清理浴室这种危险的活还是让准爸爸做吧。此外，浴室内的沐浴露、洗发水或者肥皂沫，如果洒在地上，一定要及时清理。

整理衣橱、搬动重物、爬高或弯腰拿东西，这些也是孕妈妈不适合做的，容易磕碰到肚子，影响胎宝宝的发育。准爸爸在整理房间时，应将孕妈妈常用的物品放在合适的高度，既不用弯腰也不要踮脚，免得折腾孕妈妈和肚子里的小宝贝。

6 不宜让孕吐影响正常饮食

在这个星期，你会像大多数孕妈妈一样，有恶心的感觉。为了胎宝宝的健康发育和成长，不应让孕吐影响你的正常饮食。烹调食物的过程中，在注重营养的同时，可以通过菜品的丰富多样、烹调的花样翻新、改变就餐环境等来引起食欲。如果孕吐比较剧烈，主食摄入量不超过150克，可以考虑在医生的指导下静脉补充葡萄糖，以免影响胎宝宝的发育。

南瓜香甜、芋头软糯，清淡的口味能减轻孕妈妈的恶心感。

香芋南瓜煲

忌吃 还想吃 "害喜"严重的孕妈妈怎么吃

● 少吃油炸类食物，多吃一些富含维生素和膳食纤维的新鲜蔬菜、水果，可减轻恶心和疲惫感。

● 苹果能有效地缓解孕吐，适合孕妈妈餐后食用。

● B族维生素最具有缓解孕吐的功效，蛋类、全谷类、豆类、海产类、猪瘦肉、奶类、绿色蔬菜、坚果类等都含有丰富的B族维生素。

每天营养餐单

碳水化合物作为提供能量的重要营养素，如果供给不足，可能导致胎宝宝大脑发育异常。在孕早期妊娠反应比较严重时，每日至少也应摄入 150 克碳水化合物。

能量来源：碳水化合物

碳水化合物主要是缓慢释放型的，能够保持血糖平衡，为身体提供长久能量支持。缓慢释放型碳水化合物包括全谷类（粳米、小麦、玉米、高粱等）、薯类（红薯、土豆、芋头、山药）、新鲜蔬果（甘蔗、甜瓜、西瓜、香蕉、葡萄）等。

在煮粳米粥时加入一把小米或燕麦，做成二米粥；或者加入红豆、花生、红枣等，做成豆粥。在蒸米饭时，加入豌豆、黄豆等，做成豆饭。这些食物可以提供互补的植物蛋白质、淀粉、膳食纤维等，多样化的主食有利于人体对营养物质的吸收利用。

土豆的热量低于谷类食物，可作为主食食用。

科学食谱推荐

星期	早餐（二选一）		加餐	
一	蛋炒饭 牛奶	山药牛奶燕麦粥 鸡蛋	柠檬蜂蜜饮	
二	玉米粥 煎鸡蛋 凉拌海带丝	蔬菜三明治 牛奶 香蕉	葵花子	
三	鲜肉馄饨 生菜沙拉	八宝粥 鸡蛋 凉拌黄瓜	苹果	
四	芝麻烧饼 豆浆 苹果	燕麦粥 鸡蛋 蔬菜沙拉	葡萄干 酸奶	
五	全麦面包 牛奶 猕猴桃	五谷粥 鸡蛋 豆包	粗粮饼干	
六	二米粥 鸡蛋 苹果	南瓜调味饭 牛奶	开心果 橙子	
日	黄豆芝麻粥 香蕉	火腿奶酪三明治 番茄胡萝卜汁	全麦面包 牛奶	

本周食材购买清单

肉类：羊肉、牛肉、鸡肉、鱿鱼、猪肉、虾仁、鳜鱼、带鱼、鳝鱼等。

蔬菜：胡萝卜、山药、茄子、菠菜、油菜、茼蒿、南瓜、土豆、黄豆芽、香菇、黄瓜、白菜、韭黄等。

水果：柠檬、草莓、香蕉、苹果、橙子等。

其他：海带、鸡蛋、豆腐、松子、葵花子、榛子、燕麦片、豌豆等。

中餐（二选一）		晚餐（二选一）		加餐
米饭 什锦烧豆腐 山药羊肉汤	米饭 土豆炖牛肉 红烧茄子	米饭 鲜蘑炒豌豆 菠菜鱼片汤	粳米粥 香菇油菜 豌豆鸡丝	松子 草莓
米饭 炒鳝丝 鸡蛋羹	米饭 南瓜蒸肉 凉拌土豆丝	小米粥 韭黄炒肉丝 菠菜炒鸡蛋	红豆饭 抓炒鱼片 山药羊肉汤	水果沙拉
米饭 虾仁豆腐 家常焖鳜鱼	豆腐馅饼 凉拌黄瓜 棒骨海带汤	花卷 芝麻拌菠菜 番茄鸡蛋汤	土豆饼 珊瑚白菜 苹果玉米汤	榛子 牛奶
米饭 西蓝花烧双菇 香菇山药鸡	牛肉饼 香菇豆腐塔 蛋花汤	虾仁粥 花卷 炖排骨	番茄鸡蛋面 香菇豆腐 洋葱炒鱿鱼	红枣花生蜂蜜饮
米饭 清蒸排骨 糖醋莲藕片	米饭 清炒西葫芦 番茄炖牛肉	红枣鸡丝糯米饭 家常焖鳜鱼 紫菜汤	土豆饼 青椒炒肉丝 蛋花汤	蔬菜沙拉 花生
鸡丝面 蒜蓉茄子 番茄炒鸡蛋	豆饭 红烧带鱼 菠菜蛋花汤	米饭 板栗扒白菜 海带排骨汤	豆腐馅饼 清炒油菜 虾仁西葫芦	水果拌酸奶
米饭 芝麻圆白菜 乌鸡滋补汤	馒头 干煎带鱼 紫菜汤	青菜汤面 番茄炖牛肉	米饭 芹菜炒百合 肉丝银芽汤	蔬菜沙拉

香菇豆腐塔

山药牛奶燕麦粥

珊瑚白菜

一日三餐举例

早餐 山药牛奶燕麦粥

原料: 牛奶 500 毫升,燕麦片、山药各 50 克,白糖适量。

做法: ❶山药洗净,去皮切块。❷将牛奶倒入锅中,放入山药、燕麦片,小火煮,边煮边搅拌,煮至燕麦片、山药熟烂,加白糖即可。

中餐 香菇豆腐塔

原料: 豆腐 300 克,香菇 3 朵,榨菜、白糖、盐、干淀粉、香油各适量。

做法: ❶将豆腐切成四方小块,中心挖空;香菇洗净,剁碎;榨菜剁碎。❷香菇和榨菜用白糖、盐及干淀粉拌匀,制成馅料。❸将馅料塞入豆腐中,摆在碟上蒸熟,淋上香油即可。

晚餐 珊瑚白菜

原料: 白菜半棵,香菇 4 朵,胡萝卜半根,盐、姜丝、葱丝、白糖、醋、植物油各适量。

做法: ❶白菜洗净,顺丝切成细条,用盐腌透沥干水;香菇泡发、洗净、切丝;胡萝卜洗净、切丝,用盐腌后沥干水。❷锅中倒油烧热,放入姜丝、葱丝煸香,再放入香菇丝、胡萝卜丝、白菜条煸熟,放入盐、白糖、醋调味即可。

早餐 南瓜调味饭

原料： 南瓜、米饭各 150 克，白糖、植物油各适量。

做法： ❶南瓜洗净，切丁。❷油锅烧热，放入南瓜丁煎制，直至南瓜呈金黄色，加少许水、白糖，加热至南瓜变软，出锅。❸米饭加入煮熟的南瓜搅拌即可。

中餐 炒鳝丝

原料： 鳝鱼 200 克，韭黄 60 克，料酒、豆酱、葱花、姜片、酱油、醋、盐、植物油各适量。

做法： ❶鳝鱼处理干净，洗净，切丝；韭黄洗净，切段。❷油锅烧热，倒入鳝鱼丝翻炒至起皱，倒入料酒、豆酱翻炒出香味，加入葱花、姜片、韭黄，调入酱油、醋、盐炒匀即可。

晚餐 肉丝银芽汤

原料： 黄豆芽 100 克，猪肉 50 克，粉丝 25 克，盐、植物油各适量。

做法： ❶猪肉洗净切丝，备用；将黄豆芽择洗干净；粉丝浸泡。❷油锅烧热，将黄豆芽、肉丝一起入油锅翻炒至肉丝变色，加入粉丝、清水、盐，共煮 5~10 分钟即可。

肉丝银芽汤

炒鳝丝

南瓜调味饭

孕 6 周
孕妈妈感到慵懒，胎宝宝有了心跳

怀孕初期，孕妈妈总会觉得疲劳，不必担心，只要稳定情绪、身心放松、充分休息，就能顺利度过这段时期。

本周，胚胎的长度有 6 毫米，像一颗小松子仁，正在孕妈妈子宫里迅速成长，心脏已经开始有规律地跳动。

本周宜忌

1 找适当的时机向领导说明

怀孕之后，想在工作上保持以往的水准，有时会心有余而力不足。此时最好向领导表明自己的现况，让领导根据公司的情况将你暂时调任其他轻松的岗位，或者采用灵活的工作时间，当身体不太舒服的时候，可以早点回家休息。

把怀孕的事告诉领导需要技巧，最佳的时机是在一项工作圆满完成后，提前跟领导约个日子。因为这样做本身就传达了一个很有说服力的信息："我虽然怀孕了，但是工作表现丝毫没有受到影响。"

2 吃点维生素 E

许多孕妈妈在孕前做到了"有备而孕"，在保胎这件事上，也不可大意，可以选择服用天然维生素 E 来为怀孕保驾护航。因为维生素 E 能够增加体内黄体细胞数量，提高孕激素水平，改善黄体功能。而且服用维生素 E 是孕妈妈在家就能够做的事，轻松又方便。除此之外，天然维生素 E 有类似孕激素的功能，能够减少胚胎停育和流产的风险，具有保胎作用。所以，建议孕妈妈在怀孕后，每天服用 2 粒 100 毫克的维生素 E。

3 要常吃核桃

核桃富含不饱和脂肪酸、蛋白质、膳食纤维、维生素、盐酸、铁等，对胎宝宝的大脑、视网膜、皮肤和肾功能的健全发育都有十分重要的作用。因此，孕妈妈在孕早期可以适量吃些核桃，用它当零食或煮粥都是不错的选择。

4 不宜急着公布喜讯

按捺不住狂喜，想把怀孕的喜讯向全世界发布？先别急，最先知情者应该是准爸爸没错，但朋友、同事、七大姑八大姨还是暂缓通知吧。前3个月还属于不稳定期，可以等一切怀孕状况都稳定了再发布喜讯。不过孕妈妈可能还在上班，那么很有必要让领导尽早知道这件事情，这样领导和同事会适当减少你的工作量。

5 不宜盲目保胎

怀孕是一个正常的生理过程，并不是病态的，因此生活和工作可以照常进行。一般来讲，除了胎膜早破、宫颈功能不全、胎盘前置、阴道出血等几种必须卧床保胎的情况之外，多数的先兆流产也只是要求以休息为主，可以在家里适当走动，或者在小区里散散步。如果工作较为轻松，即便发生了轻度的先兆流产迹象，孕妈妈也可以等急性期平稳度过后，继续上班。这样也可以适度转移注意力，有利于保胎。

需要特别提醒孕妈妈的是，如果没有任何先兆流产症状，千万不可盲目服用保胎药。孕妈妈过分担心腹中胎宝宝，会让自己整天处于紧张和不安中，不利于安胎养胎。

蓬松的白米饭外包裹上一层黑芝麻，香气怡人，上班族孕妈妈可以当作小零食。

黑芝麻饭团

忌吃 还想吃 吃对食物保胎

●维生素E有利于预防习惯性流产，具有保胎的作用，孕妈妈可以多吃富含维生素E的食物。

●维生素E的来源主要有植物油，如小麦胚芽油、葵花子油、玉米油；坚果类，如花生、杏仁、榛子、核桃；以及豆类、蛋类、牛奶及其制品、牛肝、猪肉、番茄、苹果等。

每天营养餐单

本周，胎宝宝的神经管开始连接大脑和脊髓，多吃含有维生素 B_2 的核桃、海鱼、木耳，有助于胎宝宝神经系统的发育。

西蓝花中的维生素 B_2 有助于胎宝宝神经系统的发育，孕妈妈每周宜吃 2 次西蓝花。

重点补充维生素 B_2

孕期维生素 B_2 的每日摄入标准为 1.7 毫克。常见的食材含量（每 100 克可食用部分）如下：猪肝含 2.08 毫克，香菇含 0.4 毫克，西蓝花含 0.3 毫克，鸡蛋白含 0.31 毫克，鸡蛋黄含 0.29 毫克，金针菇含 0.19 毫克。

维生素 B_2 的最佳食物来源是乳制品，其中牛奶的维生素 B_2 含量较多。500 毫升牛奶中含有维生素 B_2 约 1 毫克。另外，经过发酵的乳制品中也含有较多的维生素 B_2，如奶酪、酸奶等。建议孕妈妈补充维生素 B_2 以乳制品为主，再辅以绿叶蔬菜、鸡蛋、菌类、动物肝脏等食物。

科学食谱推荐

星期	早餐（二选一）		加餐	
一	玉米粥 凉拌海带丝 鸡蛋	鳄梨三明治 牛奶	牛奶水果饮	
二	芝麻烧饼 豆浆 水果沙拉	全麦面包 牛奶 蔬菜沙拉	核桃	
三	燕麦南瓜粥 鸡蛋 苹果	番茄鸡蛋面 花卷	开心果	
四	蛋炒饭 牛奶 香蕉	小米粥 馒头 鸡蛋	榛子 牛奶	
五	香菇荞麦粥 鸡蛋	八宝粥 鸡蛋	全麦面包	
六	面包 牛奶 水果沙拉	南瓜调味饭 牛奶	苹果玉米汤	
日	什锦面 家常鸡蛋饼	馄饨 鸡蛋 蔬菜沙拉	香蕉银耳汤	

本周食材购买清单

肉类：鸡肉、鱿鱼、带鱼、猪肉、牛肉、虾仁、鲈鱼、羊排、羊肉等。

蔬菜：茄子、番茄、芦笋、菠菜、莲藕、山药、芹菜、黄瓜、胡萝卜、土豆、圆白菜、香菇、西蓝花等。

水果：香蕉、草莓、猕猴桃、橙子、鳄梨等。

其他：海带、玉米粒、鸡蛋、红豆、绿豆、黑豆、豆腐等。

中餐（二选一）		晚餐（二选一）		加餐
米饭 鸡蛋羹 鱿鱼炒茼蒿	鸡丝面 蒜蓉茄子 番茄炒鸡蛋	米饭 红烧带鱼 菠菜蛋花汤	米饭 海带排骨汤 芦笋炒百合	榛子 草莓
米饭 牛腩炖莲藕 凉拌土豆丝	荞麦凉面 山药五彩虾仁	菠菜鸡蛋饼 香干炒芹菜 紫菜汤	青菜汤面 清蒸鲈鱼 凉拌黄瓜	粗粮饼干 猕猴桃汁
米饭 凉拌黄瓜 棒骨海带汤	馒头 干煎带鱼 凉拌番茄	米饭 芹菜炒百合 胡萝卜肉丝汤	米饭 蒜蓉空心菜 番茄豆腐汤	水果拌酸奶
米饭 鲜蘑炒豌豆 菠菜鱼片汤	豆角焖米饭 猪肝拌黄瓜	米饭 甜椒牛肉丝 素什锦	番茄鸡蛋面 香菇油菜	红枣花生蜂蜜饮
米饭 番茄炖牛腩 红烧茄子	米饭 孜然羊排 紫菜蛋花汤	番茄鸡蛋面 土豆焖牛肉 香菇豆腐	排骨汤面 蒜香黄豆芽	花生 橙子
黑豆饭 糖醋莲藕片 香菇山药鸡	米饭 荠菜黄花鱼卷 西蓝花烧双菇	米饭 鸡蛋玉米羹 鲜蘑炒豌豆	咸蛋黄烩饭 葱爆羊肉 海带豆腐汤	开心果 草莓
米饭 什锦烧豆腐 山药排骨汤	红枣鸡丝糯米饭 家常焖鳜鱼 凉拌土豆丝	粳米粥 香菇油菜 豌豆鸡丝	胡萝卜小米粥 土豆饼 清蒸鲈鱼	水果沙拉

孜然羊排

鸡蛋玉米羹

鳄梨三明治

早餐 鳄梨三明治

原料： 吐司 2 片，奶酪 1 片，鳄梨 1 个，柠檬汁、橄榄油各适量。

做法： ❶鳄梨去皮，对半切开，去核，切丁，与柠檬汁、橄榄油打成泥状，制成鳄梨酱。❷将鳄梨酱与奶酪夹在 2 片吐司间。❸放入油锅慢火烘焙，至吐司两面呈金黄色即可。

中餐 孜然羊排

原料： 羊排 250 克，葱花、姜片、蒜片、花椒、孜然、白芝麻、盐、植物油各适量。

做法： ❶羊排洗净，切块，凉水入锅，大火烧开去味，捞出沥干。❷清水锅，加葱花、姜片、蒜片、花椒、羊排，炖煮至羊肉软烂，捞出沥干。❸油锅烧热，爆香葱花、姜片、蒜片，放入羊排，翻炒至表面微焦，撒孜然、白芝麻、盐，炒出香味即可。

晚餐 鸡蛋玉米羹

原料： 鸡肉 100 克，玉米粒 50 克，鸡蛋 1 个，盐适量。

做法： ❶鸡肉洗净，切丁；鸡蛋打成蛋液。❷把玉米粒、鸡肉丁放入锅内，加上清水大火煮开，撇去浮沫即可。❸将鸡蛋液沿着锅边倒入，一边倒入一边进行搅动；煮熟后加盐调味即可。

早餐 家常鸡蛋饼

原料: 鸡蛋 2 个,面粉 50 克,高汤、葱花、盐、植物油各适量。

做法: ❶鸡蛋打散,倒入面粉,加适量高汤、葱花以及盐调匀成面糊。❷平底锅中倒油烧热,慢慢倒入面糊,摊成饼,小火慢煎;待一面煎熟,翻过来再煎另一面至熟即可。

中餐 豆角焖米饭

原料: 粳米、豆角各 100 克,盐、植物油各适量。

做法: ❶豆角择洗干净,切丁;粳米洗净。❷油锅烧热,下豆角丁略炒一下。❸将豆角丁、粳米放在电饭锅里,加水焖熟,再根据自己的口味适当加盐即可。

晚餐 葱爆羊肉

原料: 羊肉 300 克,大葱 1 根,花椒粉、生抽、干淀粉、蒜片、料酒、醋、白糖、盐、植物油各适量。

做法: ❶羊肉洗净,去筋膜,温水漂洗去膻味,入冰箱冰冻至半硬;大葱洗净,切细丝。❷羊肉切薄片,放入花椒粉、生抽、干淀粉调成的料汁中腌制片刻。❸油锅烧热,放入羊肉片,翻炒至变色,捞出备用。❹另起油锅烧热,爆香蒜片、葱丝,放入羊肉,调入料酒、醋、白糖、盐,翻炒均匀即可。

葱爆羊肉

豆角焖米饭

家常鸡蛋饼

孕 6 周 孕妈妈感到慵懒,胎宝宝有了心跳

孕7周

孕妈妈常常感到饥饿，胎宝宝像橄榄

孕妈妈的体能消耗逐渐增大，可能会经常感觉到饥饿。为此，孕妈妈要常备一些零食，感到饿的时候就吃一点。

胎宝宝约有12毫米长，像一枚橄榄。小家伙的手指开始发育，并快速长成"小桨"，可以凭四肢在羊水中活动了。

本周宜忌

1 吃黄花菜滋补气血

黄花菜的营养成分对人体健康，特别是对胎宝宝的发育极为有益，具有较佳的健脑抗衰功能，有"健脑菜"之称，因此可作为孕妈妈的保健食品。黄花菜与猪肉同煮，具有滋补气血的作用，还可辅助治疗食欲欠佳、体虚乏力。但鲜黄花菜含有可致毒的秋水仙碱，孕妈妈最好不吃新鲜的黄花菜。

2 健康从全麦早餐开始

全麦制品包括全麦面包、全麦饼干、麦片粥等。麦片不要买添加香甜或精加工过的，天然的、没有任何糖类或其他添加成分的麦片最好。孕妈妈早餐吃几片全麦面包加1杯牛奶，配上一点蔬菜或水果，加餐的时候吃几块全麦饼干，既可以使孕妈妈保持较充沛的精力，还能降低体内胆固醇的水平。

3 吃香菇增强抵抗力

香菇是一种高蛋白、低脂肪的健康食品，它富含18种氨基酸，可显著提高机体免疫力，还有补肝肾、健脾胃、益智安神、美容养颜之功效。香菇中还含有30多种酶，有抑制血液中胆固醇升高和降低血压的作用。孕妈妈经常食用能强身健体、增加对疾病的抵抗能力、促进胎宝宝的发育。但香菇不宜与猪肝同食，否则会破坏猪肝中维生素A的营养价值。

4 远离噪声

一般来说，85分贝以上（重型卡车音响是90分贝）强噪声就会对胎宝宝的听力神经造成很大的伤害了。所以，平时孕妈妈尽量少去商场、饭店、菜市场、KTV等人声嘈杂的地方。看电视也要尽量将声音调小，为胎宝宝创造一个安静、祥和的成长环境。

5 不宜熬夜追剧

许多孕妈妈喜欢追剧，漂亮帅气的主角，更是孕妈妈们狂迷的对象。在孕早期，体内雌激素分泌变化会造成孕妈妈容易疲惫、犯困。即使睡眠充足也都难免会有这样的感觉，若休息不足更会影响孕妈妈和胎宝宝的健康。所以，孕妈妈应保持有规律的睡眠和饮食习惯，即便电视剧再好看，也不要熬夜。

6 不宜只吃素食

孕妈妈妊娠反应比较大时，可能会出现厌食的情况，不想吃荤腥油腻的食物，而只吃素，这种做法可以理解，但是孕期长期吃素，就会对胎宝宝形成不利影响了。母体摄入营养不足，势必造成胎宝宝的营养不良，胎宝宝如果缺乏营养，比如缺乏蛋白质、不饱和脂肪等，会造成脑组织发育不良，出生后智力低下。

7 不宜多吃桂圆

桂圆虽然富含葡萄糖、维生素，有补心安神、养血益脾的功效，但桂圆性温大热，阴虚内热体质和患热性病的人都不宜多吃。孕妈妈阴血偏虚，容易滋生内热，常常会有口干、肝经郁热、便秘等症状，所以不宜多吃桂圆。

香菇的鲜美与豆腐的清淡完美的中和，是素食孕妈妈补充蛋白质的一道佳肴。

香菇豆腐塔

忌吃 还想吃 素食孕妈妈怎么吃

● 素食孕妈妈需要额外补充维生素 B_{12}，建议素食孕妈妈孕期多摄取奶或奶制品。

● 每天摄入：250~500 克谷类和薯类食物 +250 克左右豆类食物 +250~400 克深色蔬菜 +30-90 克坚果 + 适量的水果（特别是含维生素 C 的水果）。

● 素食孕妈妈每周至少应吃 3 次海产品。

每天营养餐单

锌对于新生命的重要性，孕产专家一直以来都在强调。在胎宝宝细胞快速增长时，孕妈妈尤其需要获得充足的锌。

鱼类是锌的很好来源，孕妈妈每周吃 1~2 次鱼，有利于保障胎宝宝的正常发育。

不可忽略的锌

动物性食物中的有机锌比植物性食物的无机锌易于吸收。以谷类、蔬菜等植物性食物为主的膳食结构，食物中不仅含锌量低，而且还含有影响锌吸收利用的膳食纤维和植酸盐，使锌的摄取量更显不足。因此，补锌要以动物性食物为主，一向吃素食的孕妈妈，需要考虑改改饮食习惯了。

孕期，锌的每日推荐量为 20 毫克左右，从日常的海产品、动物肝脏、肉类、鱼类、豆类中可以得到补充。此外，孕妈妈也可以遵医嘱服用锌制剂。

科学食谱推荐

星期	早餐（二选一）		加餐	
一	全麦面包 牛奶 葡萄	小米红枣粥 豆包	酸奶 苹果	
二	三明治 牛奶 蔬菜沙拉	香菇肉粥 花卷	猕猴桃	
三	菜包 鸡蛋 豆浆	莲子芋头粥 花卷	粗粮饼干 酸奶	
四	玉米粥 鸡蛋 花卷	全麦面包 牛奶 苹果	酸奶布丁	
五	红枣粥 鸡蛋 豆包	荞麦凉面 凉拌土豆丝	蛋卷 牛奶	
六	燕麦南瓜粥 鸡蛋 花卷	土豆蛋饼 牛奶	蔬菜沙拉	
日	芝麻汤圆 鸡蛋饼	咸蛋黄烩饭 海带汤	开心果 草莓	

本周食材购买清单

肉类：猪肉、排骨、鸡肉、牛肉、鸭血、虾仁、鲫鱼等。

蔬菜：南瓜、白菜、青菜、土豆、西葫芦、莲藕、芸豆、豆角、绿豆芽、平菇、口蘑、西蓝花、圆白菜、空心菜、香菇、茄子、荸荠、甜椒等。

水果：苹果、柠檬、菠萝、猕猴桃、草莓等。

其他：北豆腐、燕麦、豆腐干、腐竹、咸鸭蛋、板栗等。

中餐（二选一）		晚餐（二选一）		加餐
馒头 鸡脯扒小白菜 菠菜鱼片汤	米饭 青椒豆干炒肉丝 紫菜蛋汤	青菜汤面 板栗烧仔鸡 凉拌土豆丝	米饭 百合炒牛肉 京酱西葫芦	柠檬蜂蜜饮
米饭 糖醋莲藕片片 南瓜蒸肉	蛋炒饭 家常焖鳜鱼 芸豆烧荸荠	青菜肉丝面 炒豆芽	米饭 西蓝花烧双菇 松子爆鸡丁	全麦饼干 豆浆
米饭 抓炒鱼片 什锦西蓝花	馒头 牛蒡炒肉丝 番茄鸡蛋汤	豆腐馅饼 西蓝花炒虾仁 板栗扒白菜	米饭 虾仁腐竹 松子青豆炒玉米	水果沙拉
米饭 土豆烧牛肉 糖醋圆白菜	米饭 香菇青菜 鲫鱼豆腐汤	米饭 蒜蓉空心菜 猪肝蒸蛋	米饭 豆角炖排骨 清炒西蓝花	全麦饼干 猕猴桃
米饭 甜椒牛肉丝 宫保豆腐 蛋花汤	米饭 青椒炒土豆丝 糖醋莲藕片片 棒骨海带汤	米饭 番茄炒鸡蛋 红烧带鱼 白菜豆腐汤	菠萝虾仁烩饭 油菜香菇汤	水果拌酸奶
米饭 土豆烧肉 炒菠菜	米饭 鱼香茄子 番茄鸡片	米饭 黄瓜腰果虾仁 海带冬瓜汤	排骨汤面 菠菜炒鸡蛋	银耳莲子羹
米饭 清炒空心菜 胡萝卜炒山药片	米饭 猪肝拌黄瓜 豆芽汤	米饭 香菇油菜 红烧鲫鱼	紫米粥 豆角小炒肉	苏打饼干 酸奶

豆角炖排骨

宫保豆腐

咸蛋黄烩饭

早餐 咸蛋黄烩饭

原料: 米饭 100 克,咸蛋黄半个,胡萝卜、香菇、蒜苗、葱花、盐、植物油各适量。

做法: ❶米饭打散;咸蛋黄压成泥;胡萝卜洗净,切丁;香菇洗净,切丁;蒜苗洗净,去根切丁。❷油锅烧热,爆香葱花,放入咸蛋黄翻炒出香味,加入胡萝卜、香菇、蒜苗翻炒均匀,加入米饭炒至饭粒松散,加盐调味即可。

中餐 宫保豆腐

原料: 北豆腐 250 克,花生、花椒、姜末、葱花、豆酱、酱油、料酒、白糖、醋、香油、盐、水淀粉、植物油各适量。

做法: ❶北豆腐洗净,切丁;酱油、料酒、白糖、醋、香油、盐调汁。❷油锅烧热,放入豆腐丁,炸至表面金黄,捞出备用。❸油锅烧热,爆香花椒、姜末、葱花、豆酱,倒入调好的料汁,加入豆腐、花生,翻炒均匀,再加入水淀粉勾芡,收汤即可。

晚餐 豆角炖排骨

原料: 排骨 400 克,豆角 250 克,盐、姜片、蒜末、生抽、蚝油、白糖、植物油各适量。

做法: ❶将排骨洗净,切小段;豆角洗净切段。❷油锅烧热,爆香姜片、蒜末,倒入排骨,加入生抽、蚝油和白糖,翻炒至排骨变色,加水,用大火烧沸。❸调小火,倒入豆角,炖煮至排骨熟透,加盐即可。

早餐 土豆蛋饼

原料： 土豆 2 个，鸡蛋 3 个，洋葱半个，黑胡椒粉、盐、植物油各适量。

做法： ❶ 土豆洗净，放入锅中蒸熟，捞出晾凉，去皮切丁，撒黑胡椒粉和盐调味；鸡蛋打散，加盐调味；洋葱洗净，切碎。❷ 油锅烧热，炒香洋葱，缓缓倒入蛋液，加入土豆丁。❸ 中火加热至蛋液凝固后调小火，将蛋饼煎至金黄色即可。

中餐 南瓜蒸肉

原料： 小南瓜 1 个，猪肉 150 克，酱油、甜面酱、白糖、葱末各适量。

做法： ❶ 南瓜洗净，在瓜蒂处开一个小盖子，挖出瓜瓤。❷ 猪肉洗净切片，加酱油、甜面酱、白糖、葱末拌匀，装入南瓜中，盖上盖子，蒸 2 小时取出即可。

晚餐 板栗扒白菜

原料： 白菜 300 克，板栗 100 克，葱花、姜末、水淀粉、盐、植物油各适量。

做法： ❶ 板栗去皮，洗净，入沸水煮熟。❷ 白菜洗净，切片，下油锅煸炒后盛出。❸ 另起油锅烧热，放入葱花、姜末炒香，放入白菜与板栗翻炒，加适量水，熟后用水淀粉勾芡，加盐调味即可。

孕 7 周 孕妈妈常常感到饥饿，胎宝宝像橄榄

孕8周

孕妈妈子宫变大，胎宝宝初具人形

孕妈妈腹部看上去仍很平坦，但子宫却在不断增大。此时，腹部可能有些痉挛、疼痛，这些都是正常反应，不要紧张。

胎宝宝约 20 毫米长了，看上去像颗葡萄。小家伙的心脏和大脑已经发育得非常复杂，眼睑开始出现褶痕。

本周宜忌

1 吃些抗辐射食物

在工作和生活当中，电脑、电视、空调等各种电器都能产生电磁辐射。孕妈妈应多食用一些富含优质蛋白质、磷脂、B 族维生素的食物，例如豆类及豆制品、鱼、虾、粗粮等。

此外，一些蔬果也具有防护效果：红色蔬果有番茄、红葡萄柚等；绿色蔬果有油菜、芥菜、茼蒿、菠菜等。还有白色食物如香菇、海产品、大蒜等；黑色食物如芝麻等。

2 吃猕猴桃补叶酸

猕猴桃口味酸甜，质地香软又易于消化，且猕猴桃含有高达 8% 的叶酸，有"天然叶酸大户"之称。孕妈妈每周吃 3~4 次，每次 1 个，就可有效补充叶酸。此外，猕猴桃富含维生素 C，可提高孕妈妈免疫力。孕妈妈在加餐时吃 1 个猕猴桃、喝 1 杯酸奶，可促进肠道健康，缓解便秘症状。

3 做好防滑措施

孕早期是自然流产的相对高发期。孕妈妈除了注意调整饮食习惯和生活习惯外，还要注意一些生活中的小细节，磕碰碰以及突然的摔倒可能都是引起流产的原因。

所以孕妈妈除了在生活中动作放轻放缓外，还要做好防滑措施，在家中容易滑倒的场所，如浴室、厨房等门口放上吸水防滑的垫子。此外，尽量避免自己拖地，家人拖完地，孕妈妈要等地面变干后，才可以在房间走动。

4 缺铁性贫血不宜喝牛奶

牛奶可以提供钙、蛋白质等，是备受欢迎的孕期饮品，但是，牛奶并不适合所有孕妈妈，比如有缺铁性贫血的孕妈妈。由于食物中的铁要在消化道中转化成亚铁才能被吸收利用，若喝牛奶，体内的亚铁就与牛奶的钙盐、磷盐结合成不溶性化合物，会影响铁的吸收利用。

5 不宜用水果代替正餐

很多孕妈妈因孕吐吃不下东西，想用水果代替正餐。虽然大部分水果的确含有丰富的维生素、矿物质和膳食纤维，可补足正餐所无法提供的营养，但水果的热量也不低，有的还含有脂肪。进食大量水果，不仅会导致体重增长过快，还会引发妊娠期糖尿病等一系列问题。此外，水果所含的蛋白质、脂肪远不能满足子宫、胎盘和乳房发育的需要，大量吃水果，易导致饮食不均衡或营养过剩。

6 不宜太"宅"

随着妊娠反应越来越大，孕妈妈赖在沙发和床上的时间也越来越多。虽然孕妈妈在怀孕早期会经常感到疲乏，需要更多的睡眠，可是还是要出去走走。饭后散步半小时是最好的孕期运动，可以帮助孕妈妈消除紧张和不安的情绪，有助睡眠，还可以加强大肠蠕动，减少便秘发生的概率。再有，怀孕期间坚持散步还有利于产后形体恢复。

吃完饭后，消化器官需要大量的血液供应，进行紧张的工作。如果饭后马上去散步，会造成消化系统缺血，导致消化不良，所以饭后应休息 30 分钟左右再散步。

精巧的南瓜盅保留食材的大部分营养，南瓜的微甜溶解在猪肉中，减少了油腻感。

南瓜蒸肉

忌吃还想吃 爱吃水果的孕妈妈怎么吃

● 最理想的进食水果方式是：每天至少吃 2 份不同的水果，总重量不超过 500 克。

● 妊娠期糖代谢异常或患有妊娠期糖尿病的孕妈妈则要减半，最好等血糖控制平稳后再吃，并且吃含糖量相对低的樱桃、梨、柠檬、橙子、李子、枇杷、柚子、苹果等水果。

● 如果喜欢吃香蕉、菠萝、荔枝、柿子之类含糖量较高的水果，就一定要减量。

每天营养餐单

维生素 A 称得上是胎宝宝肌肤、头发、眼睛、鼻子、嘴、骨骼、牙齿的健康守护神。孕早期，维生素 A 建议摄入量为每日 700 微克，孕中后期则为每日 900 微克。

胡萝卜中的 β- 胡萝卜素能在孕妈妈体内转化成维生素 A，有助于胎宝宝的皮肤发育。

适量补充维生素 A

天然维生素 A 多存在于动物体内，动物的肝脏、奶类、蛋类及鱼卵是维生素 A 很好的来源；β- 胡萝卜素，通过胃肠道一些特殊酶的运作可催化生成维生素 A。胡萝卜、红心甜薯、西蓝花、菠菜、苋菜、芒果、油菜等都是 β- 胡萝卜素的极佳提供者。

维生素 A 与磷脂、维生素 E 及其他抗氧化剂并存时较为稳定。因此，将蔬菜与脂类一起烹调有利于维生素 A 的吸收。比如西蓝花富含 β- 胡萝卜素（经催化生成维生素 A），橄榄油既富含脂肪又富含维生素 E，搭配在一起能促进维生素 A 的吸收。

科学食谱推荐

星期	早餐（二选一）		加餐
一	豆腐脑 芝麻烧饼 凉拌番茄	荞麦凉面 菠菜鸡蛋饼	榛子 酸奶
二	三明治 牛奶 香蕉	香菇荞麦粥 素包	粗粮饼干
三	燕麦糙米粥 南瓜饼	花生紫米粥 花卷	开心果 柠檬汁
四	鸡蛋饼 酸奶	素蒸饺 豆浆	紫菜包饭
五	核桃粥 豆包	奶香玉米糊 花卷	开心果 橙汁
六	全麦面包 牛奶 蔬菜沙拉	玉米胡萝卜粥 花卷	芝麻糊
日	排骨汤面 凉拌黄瓜	家常鸡蛋饼 牛奶	芒果西米露

本周食材购买清单

肉类：排骨、鲫鱼、牛肉、鸡肉、鸡翅、虾仁、鲤鱼等。

蔬菜：菠菜、空心菜、芹菜、黄豆芽、西蓝花、茄子、黄瓜、白菜、冬瓜、胡萝卜、丝瓜、香椿苗、香菇、金针菇、白萝卜、山药等。

水果：葡萄、苹果、柠檬、猕猴桃、香蕉、芒果等。

其他：鸡蛋、榛子、百合、银耳、玉米粒、核桃、红豆、豆腐、花生、紫米、芋头等。

中餐（二选一）		晚餐（二选一）		加餐
米饭 蒜蓉空心菜 白萝卜排骨汤	米饭 素什锦 菠菜鱼片汤	米饭 鸡蛋羹 芹菜炒百合	红枣粥 银耳拌豆芽	苹果
米饭 糖醋莲藕片 鲫鱼冬瓜汤	三鲜汤面 香椿苗拌豆腐	豆角焖米饭 牛蒡炒肉丝	米饭 清蒸茄丝 番茄炒蛋	核桃 草莓
米饭 烤鸭 蘸酱菜	咸蛋黄炒饭 芹菜拌干丝 紫菜汤	面条 土豆焖牛肉 葱油金针菇	米饭 丝瓜炖豆腐 红烧带鱼	全麦面包 酸奶
米饭 虾仁豆腐 板栗扒白菜	米饭 椰浆土豆炖鸡翅 什锦烧豆腐	米饭 香菇山药鸡 青椒土豆丝	排骨汤面 糖醋莲藕片	水果沙拉
牛肉卤面 时蔬拌蛋丝	米饭 红烧带鱼 糖醋圆白菜	牛肉焖饭 什锦西蓝花	馒头 鸭块白菜 番茄炒山药	牛奶水果饮
米饭 甜椒炒牛肉 葱油萝卜丝	米饭 盐水鸭肝 什锦西蓝花	小米粥 豆角小炒肉 松子玉米	米饭 毛豆烧芋头 鲤鱼木耳汤	猕猴桃香蕉汁
米饭 凉拌黄瓜 香菇山药鸡	米饭 菠菜炒鸡蛋 鲫鱼冬瓜汤	燕麦南瓜粥 豌豆鸡丝	虾仁蛋炒饭 紫菜汤	水果沙拉

花生紫米粥

番茄炒山药

时蔬拌蛋丝

早餐 花生紫米粥

原料： 紫米 50 克，花生 25 克，白糖适量。

做法： ❶紫米洗净，放入锅中，加适量水煮 30 分钟。❷放入花生煮至熟烂，加白糖调味即可。

中餐 时蔬拌蛋丝

原料： 鸡蛋 3 个，香菇 6 朵，胡萝卜、干淀粉、料酒、醋、生抽、白糖、盐、香油、植物油各适量。

做法： ❶香菇洗净，切丝，焯熟；胡萝卜洗净，去皮，切丝，入油锅煸炒；盐、醋、生抽、白糖、香油调成料汁；干淀粉入料酒调匀；鸡蛋加盐打散，倒入料酒淀粉汁。❷油锅烧热，倒入蛋液，摊成饼，盛出，切丝。❸鸡蛋丝、胡萝卜丝、香菇丝码盘，淋上料汁拌匀即可。

晚餐 番茄炒山药

原料： 番茄 100 克，山药 150 克，葱花、姜末、植物油、盐各适量。

做法： ❶番茄、山药分别洗净，去皮切片。❷油锅小火加热，加入葱花、姜末煸出香味，放入番茄、山药片，翻炒熟后加盐调味即可。

早餐 玉米胡萝卜粥

原料： 粳米、玉米粒、胡萝卜各 50 克。

做法： ❶胡萝卜洗净，切丁。❷粳米洗净后浸泡 30 分钟。❸将粳米、胡萝卜丁、玉米粒一同放入锅内，加清水煮至粳米熟透即可。

中餐 椰浆土豆炖鸡翅

原料： 鸡翅、土豆各 200 克，椰浆 50 毫升，红椒、青椒、盐、白糖、植物油各适量。

做法： ❶将鸡翅切成小块；土豆去皮切成小块。❷油锅烧热，放入鸡翅用小火煎至金黄，捞出；放入土豆，煎至变色。❸倒入鸡翅块，加清水、盐和白糖，大火烧开，再放入青椒、红椒，改文火炖 5 分钟，出锅时倒入椰浆即可。

晚餐 毛豆烧芋头

原料： 芋头 200 克，毛豆 50 克，盐、植物油各适量。

做法： ❶芋头去皮，切块。❷油锅烧热，下芋头翻炒均匀后加水和毛豆焖煮，直至芋头熟透。❸加盐调味即可。

玉米胡萝卜粥

毛豆烧芋头

椰浆土豆炖鸡翅

孕 8 周 孕妈妈子宫变大，胎宝宝初具人形

孕9周

孕妈妈乳房增大，胎宝宝告别胚胎时代

孕妈妈的乳房逐渐增大，乳头颜色逐渐加深，你会感觉以前的内衣有点小了，这时候要换大一点的内衣了。

胎宝宝头部和躯体已经摆脱了先前的弯曲状态，开始伸直身体，不断地变换着姿势，成为真正意义上的胎儿了。

本周宜忌

1 每天 60 克粗粮

粗粮主要包括谷类中的玉米、紫米、高粱、燕麦、荞麦，以及豆类中的黄豆、青豆、红豆、绿豆等。由于加工简单，粗粮中保存了许多细粮中没有的营养，其含有比细粮更多的蛋白质、脂肪、维生素、矿物质及膳食纤维，对孕妈妈和胎宝宝来说非常有益。孕妈妈每天粗粮的摄入量以 60 克为宜，最好粗细搭配，比例以 60% 粗粮、40% 细粮为宜。

2 少量多次吃猪肝

猪肝富含铁和维生素 A，可以调节和改善造血系统的生理机能，是很好的补血食品。为使猪肝中的铁更好地被吸收，建议孕妈妈坚持少量多次的原则，每周吃 1~2 次，每次吃 3~4 小块。因为大部分营养素摄入量越大，吸收率却越低。

3 预防"空调病"

也许胎宝宝到来的时候，不是春暖花开，也不是秋高气爽，孕妈妈也就有更多的借口贪恋空调了。可是，长期在空调环境里容易出现头痛和血液循环方面的问题，而且特别容易感冒。孕妈妈担负着两个人的健康，即使在空调房待着，也一定要注意避免过凉导致感冒。空调的温度定在 24~28℃，室内感觉微凉就可以了。此外，孕妈妈不妨定时关上空调，开开窗，通通风。或者在微风正好、阳光不强的时候，出去溜达溜达。

4 避开上班路上的"雷区"

母亲的天性使孕妈妈有意无意地保护着自己的肚子，虽然已经知道少到人多嘈杂的地方去，但是上班或者出行总是难以避免。怀孕后，尽量不要自己开车或骑自行车上下班，走路上班的孕妈妈每次步行时间也不宜超过 30 分钟，且速度不能过快。对于乘坐公共交通的孕妈妈来说，最好避开上下班高峰期。

5 每天1个鸡蛋即可

在怀孕期间，每个孕妈妈都会通过吃鸡蛋来补充营养。但如果孕妈妈吃鸡蛋过量，摄入蛋白质过多，容易引起腹胀、食欲减退、消化不良等症状，还可导致胆固醇增高，加重肾脏负担，不利于孕期保健。所以，孕妈妈每天吃1个鸡蛋即可，最多不超过2个。

6 不可盲目补充铁剂

孕妈妈是否服用铁剂应视具体情况而定。一般食物中的含铁量不算高，且吸收率也不高。一些孕妈妈从食物中摄入的铁有可能达不到每日的推荐量，比如有些孕妈妈根本就不吃动物肝脏和血。铁剂对胃的刺激较大，一些孕妈妈不能耐受，所以选用铁剂可根据血色素的高低在医生指导下使用。

7 不宜喝长时间煮的骨头汤

动物骨骼中所含的钙质，不论多高的温度也不能析出，过久烹煮反而会破坏骨头中的蛋白质。另外，骨头上总会带点肉，熬的时间长了，肉中脂肪析出，会增加汤的脂肪含量。因此，熬骨头汤的时间过长，不但无益，反而有害。

黄与绿的搭配，色彩鲜亮，勾起食欲，西蓝花和南瓜中的膳食纤维和维生素，能够避免体重增长过快。

意式蔬菜汤

忌吃 还想吃 孕期健康喝汤

● 孕妈妈在煮骨头汤时最好用高压锅。因为高压锅熬汤的时间不会太长，汤中的维生素等营养成分损失小，骨髓中所含的微量元素也易被人体吸收。

● 新鲜蔬菜中的维生素C在熬汤过程中易被破坏，所以蔬菜入汤的时间一定不宜过长，稍微焯一下或出锅前放入即可。

● 以先喝汤（最好是蔬菜汤），再吃蔬菜，最后吃饭和肉类的顺序进餐，可防止体重增长过快。

每天营养餐单

怀孕之后，孕妈妈需要更多的铁，以保障胎宝宝组织细胞的日益增长。孕早期每日需要铁20毫克，孕中后期每日摄入量为24~29毫克。

提高铁的吸收率

食物中的铁分为血红素铁和非血红素铁。血红素铁主要存在于动物血液、肝脏、瘦肉等组织中。植物性食品中的铁均为非血红素铁，主要存在于各种坚果、蔬菜等食物中，如葡萄干、红枣、银耳、菠菜、香菇等。

有研究表明，当维生素C与铁的重量比为5∶1或10∶1时，可使铁的吸收率提高3~6倍，所以，孕妈妈多吃些水果可促进铁的吸收。

红枣可以作为孕妈妈饮食的组成部分，用来煮粥、煲汤，能起到补铁的作用。

科学食谱推荐

星期	早餐（二选一）		加餐	
一	芝麻糊 鸡蛋 生菜沙拉	山药牛奶燕麦粥 馒头 香蕉	开心果	
二	鸡蛋羹 花卷 苹果	芝麻烧饼 豆浆	榛子	
三	蛋炒饭 牛奶 凉拌番茄	香菇荞麦粥 家常鸡蛋饼	粗粮饼干 酸奶	
四	全麦面包 牛奶 蔬菜沙拉	南瓜红枣粥 花卷 鸡蛋	核桃 香蕉	
五	红薯小米粥 鸡蛋 凉拌黄瓜	火腿奶酪三明治 猕猴桃汁	开心果 草莓	
六	八宝粥 豆包 鸡蛋	三鲜馄饨 花卷	粗粮饼干	
日	全麦面包 酸奶 蔬菜沙拉	什锦面 盐水猪肝	橘瓣银耳羹	

本周食材购买清单

肉类：黄花鱼、牛肉、猪肉、鸡肉、带鱼、鱿鱼、猪肝、鲈鱼、蛏子等。

蔬菜：菠菜、茄子、白菜、番茄、黄豆芽、黄瓜、芹菜、香椿苗、西蓝花、丝瓜、甜椒、青菜、西葫芦、白萝卜、空心菜、山药、香菇等。

水果：香蕉、苹果、火龙果、橘子、草莓等。

其他：鸡蛋、开心果、豌豆、红枣、榛子、北豆腐、银耳、核桃、荞麦等。

中餐（二选一）		晚餐（二选一）		加餐
菠菜鸡蛋面 油焖茄条	米饭 干烧黄花鱼 珊瑚白菜	花卷 番茄焖牛腩 紫菜汤	咸蛋黄烩饭 肉丝银芽汤	粗粮饼干 牛奶
豆腐馅饼 银耳拌豆芽 棒骨海带汤	米饭 香菇油菜 甜椒炒牛肉	米饭 宫保鸡丁 菠菜蛋花汤	馒头 红烧带鱼 三丁豆腐羹	全麦面包 牛奶
米饭 山药虾仁 鸭肉冬瓜汤	米饭 青椒炒肉丝 紫菜汤	米饭 肉末炒芹菜 油焖茄条	百合粥 美味杏鲍菇	蛋卷
米饭 番茄炖牛肉 青椒土豆丝	米饭 什锦西蓝花 红烧排骨	香菇鸡汤面 蒜蓉空心菜	米饭 清蒸鲈鱼 丝瓜蛋汤	火龙果西米露
米饭 鸡蛋羹 双鲜拌金针菇	咸蛋黄炒饭 酸味豆腐炖肉	红枣莲子粥 豆包	米饭 虾仁腰果炒黄瓜 紫菜汤	紫菜包饭
米饭 甜椒炒牛肉 蛋花汤	米饭 清蒸排骨 糖醋莲藕片片	米饭 芹菜炒百合 胡萝卜肉丝汤	荞麦凉面 猪肉炖海带	酸奶
米饭 香菇炒菜花 时蔬鱼丸	青菜汤面 土豆炖牛肉 凉拌番茄	香菇肉粥 京酱西葫芦	米饭 南瓜蒸肉 宫保素三丁	水果沙拉

孕 9 周 孕妈妈乳房增大，胎宝宝告别胚胎时代

一日三餐举例

蒜蓉空心菜

什锦面

山药虾仁

早餐 什锦面

原料: 面条 100 克,香菇、胡萝卜、豆腐、海带各 20 克,香油、盐各适量。

做法: ❶香菇、胡萝卜洗净切丝;豆腐切条;海带切丝。❷面条放入水中煮熟,放入香菇丝、胡萝卜丝、豆腐条和海带丝稍煮,出锅前加盐调味,淋香油即可。

中餐 山药虾仁

原料: 山药 200 克,虾仁 100 克,胡萝卜 50 克,鸡蛋清 1 个,盐、胡椒粉、干淀粉、醋、料酒、植物油各适量。

做法: ❶山药去皮,洗净,切片,放入沸水中焯烫;虾仁洗净,去虾线,用鸡蛋清、盐、胡椒粉、干淀粉腌制片刻;胡萝卜洗净,切片。❷油锅烧热,下虾仁炒至变色,捞出备用,放入山药、胡萝卜同炒至熟,加醋、料酒、盐,翻炒均匀,再放入虾仁翻炒均匀即可。

晚餐 蒜蓉空心菜

原料: 空心菜 250 克,蒜末、盐、香油各适量。

做法: ❶空心菜洗净,切段,断生,捞出沥干。❷用少量温开水调匀蒜末、盐后,浇入香油,调成味汁。❸将味汁和空心菜拌匀即可。

早餐 香菇荞麦粥

原料： 粳米 50 克，荞麦 20 克，香菇 2 朵。

做法： ❶香菇洗净切成细丝。❷粳米和荞麦淘洗干净，放入锅中，加适量水，开大火煮。❸沸腾后放入香菇丝，转小火，慢慢熬制成粥。

中餐 酸味豆腐炖肉

原料： 五花肉 150 克，北豆腐 300 克，蛏子 200 克，酸菜 50 克，姜片、葱花、盐、白糖、植物油各适量。

做法： ❶五花肉洗净，切片；北豆腐洗净，切条；蛏子洗净，沸水焯烫，沥干备用。❷油锅烧热，北豆腐两面煎，备用。❸另起油锅，爆香姜片、葱花，加入五花肉翻炒出香味，加入水、盐、白糖，炖煮 15 分钟，加入酸菜、豆腐条、蛏子，略炖煮即可。

晚餐 美味杏鲍菇

原料： 杏鲍菇 2 根，葱花、蒜片、生抽、白糖、黑胡椒粉、盐、植物油各适量。

做法： ❶杏鲍菇洗净，切条。❷油锅烧热，爆香葱花、蒜片，加入杏鲍菇翻炒片刻，加入生抽、白糖、黑胡椒粉继续翻炒至入味，加盐调味即可。

酸味豆腐炖肉

香菇荞麦粥

美味杏鲍菇

孕10周

孕妈妈情绪起伏大，胎宝宝像个豌豆荚

受激素影响，孕妈妈的情绪波动会很大，不用担心，每个孕妈妈都会经历这个过程，但它不会一直跟随你。

胎宝宝现在就像一个豌豆荚，长约40毫米，重约5克。现在胎宝宝所有器官都已经初具规模，但还没有发育成熟。

本周宜忌

1 吃些健脑益智的食物

此时进入了胎宝宝的"脑迅速增长期"，即胎宝宝脑细胞迅速增殖的第一阶段（孕3～6月）。胎宝宝的脑重量会不断增加，脑细胞体积不断增大，孕妈妈要特别注意从饮食中摄取一些促进脑细胞发育的营养成分，适当吃些核桃、鱼类、蛋类、菌类等。

2 交替食用植物油

科学吃油是孕妈妈需要掌握的一种饮食观念。孕妈妈在平时吃油时应交替使用几种植物油，或是隔一段时间就换不同种类的植物油，这样才能使孕妈妈体内所吸收的脂肪酸种类丰富、营养均衡，避免单一。

3 留意口中的怪味

孕期，一些孕妈妈可能会感觉到自己的口中出现怪味，除了吃辛辣、过于生冷或不够新鲜的食物会造成孕妈妈口气不清新外，很多疾病也会引发味觉改变或口臭。如上呼吸道、喉咙、鼻孔、支气管、肺部发生感染的时候都会有此现象，而患糖尿病、肝或肾有问题的孕妈妈，也会有口气改变的问题。因此，孕妈妈若有特殊疾病史，或发生口气及味觉显著改变，应由医生做鉴别诊断。

4 坦然面对嗜睡、忘事

怀孕之后，孕妈妈易疲倦、嗜睡，此时没必要硬撑，想睡就睡吧。孕妈妈可以选择在状态好的时间段把当天比较重要的工作完成，并把这个情况告诉领导及同事，获得他们的体谅。这种劳逸结合的工作方式，对胎宝宝和孕妈妈都有好处。

也许孕妈妈还会发现自己记忆力不如从前，请放轻松，这也是孕期的表现之一。孕妈妈可以利用小笔记本做备忘，或者关照同事提醒自己。

5 不宜吃方便面

人体的正常生命活动需要七大营养素，即蛋白质、脂肪、碳水化合物、矿物质、维生素、膳食纤维和水。缺乏任何一种营养素，时间长了就会患病。方便面的主要成分是碳水化合物，汤料只含有少量味精、盐分等，即使是各种名目的鸡汁、牛肉汁、虾汁等方便面，其中肉汁成分的含量也非常少，远远满足不了人体每天所需要的营养量。常吃方便面会造成孕妈妈营养不良，进而引起胎宝宝发育不良、体重不足等。

6 不宜多喝孕妇奶粉

孕妇奶粉是在牛奶的基础上，进一步添加孕期所需的营养素制成的。所含叶酸、铁、钙、DHA 等，可以满足孕妈妈营养需要。孕早期反应比较厉害、体重增长较慢、贫血以及出现缺钙症状，孕中期胎宝宝体重偏轻的孕妈妈需要喝孕妇奶粉。

喝孕妇奶粉要控制量，每天不能超过 2 杯，更不能把孕妇奶粉当水喝，也不能既喝孕妇奶粉，又喝其他牛奶、酸奶，或者吃大量奶酪等奶制品，这样会增加肾脏负担，影响肾功能。

此外，饮食均衡、体重等各项指标都在正常值范围内，或者是已经超标的孕妈妈，不需要喝孕妇奶粉，否则可能造成胎宝宝营养过剩，出现巨大儿。

工作忙碌的孕妈妈，包些馄饨存入冰箱冷冻，随吃随煮，比方便面健康有营养。

鸡汤馄饨

忌吃 还想吃 "速食"孕妈妈怎么吃

● 不宜吃方便面、罐头、寿司以及腌制品，这些食物大多缺乏孕妈妈需要的营养素且没有卫生保障。

● 平时在家中可自己包些馄饨、饺子、包子，放冰箱冷冻，忙碌或懒于做饭时食用，但避免储存时间过久，更不能长期单一饮食。

● 可选择能够凉拌或生吃的新鲜蔬菜、水果。

每天营养餐单

胎宝宝脑细胞迅速增殖所需要的 DHA 只能从母体中获得，而随孕期的发展，孕妈妈体内 DHA 含量会逐渐减少。因此，孕妈妈应摄入含 DHA 高的食物。

海鱼中含有丰富的 DHA，是胎宝宝大脑发育必需的营养素。

"脑黄金"——DHA

世界卫生组织及国际脂肪酸和类脂研究学会一致推荐，怀孕和哺乳期女性每日 DHA 的摄取量为 300 毫克。含 DHA 多的食物包括：鱼虾类，如鲈鱼、鲤鱼、沙丁鱼、鳝鱼、虾等；禽类，如鸡、鸭等；另外，坚果类，如核桃仁、瓜子中含有的 α-亚麻酸也是制造 DHA 的原材料，孕妈妈也不能忽视。

如果对鱼类过敏或者不喜欢鱼腥味，孕妈妈可以在医生指导下服用 DHA 制剂。但是，DHA 的摄入量不是越多越好，孕妈妈要合理摄入。

科学食谱推荐

星期	早餐（二选一）		加餐
一	小米粥 鸡蛋 豆包	山药燕麦粥 馒头 苹果	粗粮饼干
二	鸡蛋羹 花卷 香蕉	香菇青菜面 芝麻烧饼	核桃
三	蛋炒饭 牛奶 凉拌番茄	全麦面包 牛奶 草莓	松子
四	台式蛋饼 牛奶	黑芝麻饭团 豆浆	芝麻糊
五	火腿奶酪三明治 黄瓜	胡萝卜小米粥 家常鸡蛋饼	猕猴桃
六	牛奶核桃粥 鸡蛋	雪菜肉丝汤面	粗粮饼干
日	八宝粥 豆包 鸡蛋	燕麦糙米粥 南瓜饼	蔬菜沙拉

本周食材购买清单

肉类：鲈鱼、羊肉、牛肉、虾仁、猪肉、鸡肉、鱿鱼等。

蔬菜：山药、菠菜、番茄、茄子、丝瓜、西蓝花、白菜、莲藕、空心菜、黄瓜、
四季豆、橄榄菜、雪菜、香菇等。

水果：苹果、香蕉、橙子、草莓、柠檬、火龙果等。

其他：豆腐、开心果、核桃、玉米粒、腰果、鸡蛋等。

中餐（二选一）		晚餐（二选一）		加餐
米饭 菠菜炒鸡蛋 清蒸鲈鱼	米饭 什锦烧豆腐 山药羊肉汤	花卷 番茄焖牛腩 海米海带丝	米饭 土豆炖牛肉 红烧茄子	开心果 牛奶
牛肉焖饭 蒜蓉西蓝花 紫菜汤	馒头 京酱西葫芦 肉丝银芽汤	米饭 清蒸鲈鱼 丝瓜鸡蛋汤	菠萝虾仁烩饭 椒盐玉米	全麦面包 橙汁酸奶
米饭 山药五彩虾仁 凉拌海带丝	米饭 青椒炒肉丝 白菜炖豆腐	花卷 香菇炒菜花 牛蒡炒肉丝	米饭 油焖茄条 时蔬鱼丸	粗粮饼干 柠檬蜂蜜饮
米饭 五香带鱼 白萝卜海带汤	米饭 番茄鸡片 香菇豆腐汤	牛肉卤面 蒜蓉空心菜	排骨汤面 糖醋莲藕片	火龙果
米饭 清蒸排骨 糖醋莲藕片片	米饭 西蓝花烧双菇 甜椒牛肉丝	蛋炒饭 橄榄炒四季豆 鱼头木耳汤	米饭 糖醋圆白菜 猪肝拌黄瓜	开心果 酸奶
米饭 土豆炖牛肉 蒜蓉西蓝花	米饭 香菇油菜 孜然鱿鱼	米饭 松子青豆炒玉米 肉片炒木耳	米饭 芦笋炒百合 海带排骨汤	水果沙拉
米饭 鲜蘑炒豌豆 菠菜鱼片汤	咖喱鲜虾乌冬面 清炒西蓝花 平菇炒蛋	三鲜汤面 雪菜炒肉丝	米粥 香菇油菜 豌豆鸡丝	橘瓣银耳羹

孕 10 周 孕妈妈情绪起伏大，胎宝宝像个豌豆荚

早餐 黑芝麻饭团

原料: 糯米、粳米各 30 克,红豆 50 克,黑芝麻、白糖各适量。

做法: ❶黑芝麻炒熟;糯米、粳米洗净,放入电饭煲中加水煮熟。❷红豆浸泡后,放入锅中煮熟烂,捞出,加白糖捣成泥。❸盛出米饭,包入适量红豆泥,双手捏紧成饭团状,再滚上一层黑芝麻即可。

中餐 番茄鸡片

原料: 鸡肉 100 克,荸荠 20 克,番茄 1 个,盐、水淀粉、白糖、植物油各适量。

做法: ❶鸡肉洗净,切片,放入碗中,加入盐、水淀粉腌制。❷荸荠洗净,去皮切片;番茄洗净,切块。❸油锅中放入鸡片,炒至变白成形,放入荸荠片、番茄块、盐、白糖,加清水,烧开后用水淀粉勾芡即可。

晚餐 海米海带丝

原料: 海带丝 200 克,海米 50 克,红椒、土豆、姜片、盐、香油、植物油各适量。

做法: ❶红椒、土豆洗净,切丝;姜片洗净,切细丝。❷油锅烧热,将红椒丝以微火略煎一下,盛起。❸锅中加清水烧沸,将海带丝、土豆丝煮熟软,捞出装盘,待凉后将姜丝、海米及红椒丝撒入,加盐、香油拌匀即可。

一日三餐举例

海米海带丝

黑芝麻饭团

番茄鸡片

早餐 台式蛋饼

原料: 鸡蛋 1 个,圆白菜、面粉各 80 克,葱花、盐、植物油各适量。

做法: ❶面粉加盐和水混合成面糊;鸡蛋打散,加入葱花和盐,搅拌均匀;圆白菜放入滚水中汆烫断生,捞出沥干,切细丝。❷油锅烧热,倒入面糊摊成面饼,待面饼变色,翻面再煎;把部分蛋液倒在面饼皮上,待蛋液表面凝固,翻面继续煎,半分钟后出锅。❸把圆白菜丝包入蛋饼中卷成卷,切成小段即可。

中餐 咖喱鲜虾乌冬面

原料: 乌冬面 200 克,新鲜对虾 2 只,番茄 1 个,洋葱、鱼丸、咖喱块、芝士、盐、植物油各适量。

做法: ❶新鲜对虾洗净,剪去虾须、挑去虾线;番茄洗净去皮,切丁;洋葱切丁。❷油锅烧热,爆香洋葱,放入番茄翻炒至出汤汁,加水,放入咖喱块、芝士至融化,放入对虾、鱼丸、乌冬面。❸中火炖煮 4 分钟,加盐调味即可。

晚餐 橄榄炒四季豆

原料: 四季豆 400 克,橄榄菜 50 克,葱花、盐、香油、植物油各适量。

做法: ❶将四季豆洗净,掐成段;橄榄菜切碎。❷油锅烧热,爆香葱花,下入四季豆和橄榄菜翻炒。❸快要炒熟时,用盐、香油调味即可。

孕 11 周

孕妈妈乳头变深，胎宝宝器官发育完善

孕早期就开始柔软胀大的乳房，现在继续变大。由于体内血液增多，孕妈妈心跳也会加快。

现在胎宝宝身长达到 45~63 毫米，体重达到 10 克，已经能在孕妈妈的子宫里做吸吮、吞咽和踢腿的动作了。

本周宜忌

1 吃芹菜保留芹菜叶

芹菜富含蛋白质、碳水化合物、维生素和矿物质，其中钙和磷的含量很高，还含有甘露醇、挥发油等人体不可缺少的植物性化学物质。孕妈妈常吃可以帮助消化，还能预防妊娠高血压综合征。很多人吃芹菜会把芹菜叶扔掉，事实上，芹菜叶的营养比茎更丰富，孕妈妈吃芹菜时，要保留芹菜叶。

2 慎用精油

精油是大自然中各种各样的植物精华，不仅有改善容颜的功效，还可以帮助孕妈妈改善睡眠。可是，有些精油含有添加剂，有轻微的毒素，也有的精油具有活血通经的功效，如果长期使用，可能导致流产。所以，要想使用，最好向专业人士咨询清楚精油的功效、使用禁忌及安全剂量。孕期最好不用鼠尾草、薰衣草、玫瑰、洋甘菊、茉莉、薄荷、迷迭香、马郁兰等精油。

3 准备第 1 次产检

第 1 次产检的最佳时间在孕 11~12 周，一般不超过孕 3 月，产检当天不可吃早餐，需要空腹抽血。如果第 1 次检查的结果符合要求，医院就会为孕妈妈建卡，这主要是为了能更全面了解孕妈妈的身体情况及胎宝宝的生长发育情况，保障孕妈妈和胎宝宝的健康与安全。因此，孕妈妈最好能够提前确定自己的分娩医院，并且在同一家医院进行产检。同时也特别建议孕妈妈在孕期的检查中，最好能够固定看一位医生，这样医生能根据孕妈妈的情况给一些比较好的建议，即便出现突发情况，也能积极应对。

4 洗澡不宜超过 15 分钟

一般来说，如果气候较温暖，有条件的孕妈妈最好能每天洗 1 次澡，炎热的夏天每天洗 2 次都可以。即使在寒冷的冬季做不到每天都洗澡，也要尽量用温水擦洗身体，同时保证最少三四天要洗 1 次澡。

但是，洗澡时间不宜过长，否则可能会引起孕妈妈脑部缺血，发生晕厥，还会造成胎宝宝缺氧，影响胎宝宝神经系统的生长发育。此外，洗澡水温度不宜过高，38℃较合适。水温过高会使孕妈妈体温升高，羊水的温度也随之升高，对胎宝宝的发育不利。此外，温度过高还会损害胎宝宝的中枢神经系统。

5 不宜多喝茶

怀孕了依然还在坚持上班的孕妈妈，是否经常会感觉到昏昏沉沉，这时候要不要喝提神的下午茶呢? 对于孕妈妈来说，此时身体需要依靠新血管增生作用来孕育胎宝宝，所以，一定不能多喝茶，也不要喝浓茶，因为茶里含有鞣酸，在肠道内易与食物中的铁、钙结合成沉淀，影响肠黏膜对铁和钙的吸收利用。若过多地饮用浓茶，有可能引起妊娠缺铁性贫血，宝宝也可能出现先天性缺铁性贫血。

相比于浓茶，淡淡的绿茶更适合孕妈妈饮用。

忌吃 还想吃 孕妈妈爱饮茶

●红茶的热性比绿茶强，有利于补充身体热量、温胃散寒、提神暖身，孕妈妈可以根据自己的身体状况适量饮用。

●绿茶所含各种维生素、氨基酸、蛋白质较红茶高，维生素 C 的含量也很丰富。孕妈妈在孕期适当地喝些淡淡的绿茶，是有益健康的。

●一定不能多喝浓茶，一些具有活血化瘀功效的花茶也不要喝了。

每天营养餐单

胎宝宝现在正是长骨头的时候，补钙就显得特别重要。因此，建议孕妈妈多喝牛奶，为将来宝宝牙齿、骨骼的健康打下坚实的基础。

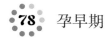

孕妈妈可以从豆类及其制品中，摄取优质的植物性蛋白质和丰富的钙。

尽早开始补钙

从本周开始，胎宝宝需要从孕妈妈体内摄取大量的钙。根据中国营养学会的建议，孕早期、孕中期和孕晚期钙的适宜摄入量分别为 800 毫克、1000 毫克和 1200 毫克。

奶类及其制品是钙的良好来源，钙含量丰富且吸收率也高。以每天喝 500 毫升牛奶所提供的钙，再加上其他食物，可基本满足孕妈妈对钙的需求。此外，虾皮、芝麻酱、黄豆等也能提供丰富的钙质。每天吃 200 克豆腐或相当的豆制品（豆浆除外），可提供 200~300 毫克钙。但含钙高的食物要避免和草酸含量高的食物，如菠菜、苦瓜、小白菜等一同烹饪，以免影响钙质吸收。

科学食谱推荐

星期	早餐（二选一）		加餐
一	牛奶 鸡蛋 生菜沙拉	八宝粥 豆包 鸡蛋	苹果
二	肉松面包 芒果	红枣粥 鸡蛋	芝麻糊
三	蛋炒饭 牛奶	芝麻烧饼 豆浆 草莓	核桃
四	全麦面包 牛奶 蔬菜沙拉	牛奶核桃粥 鸡蛋	蛋卷
五	鸡蛋紫菜饼 牛奶	三鲜馄饨 水煮蛋	开心果 香蕉
六	荞麦凉面	小米粥 豆包 鸡蛋	全麦面包 牛奶
日	素蒸饺 鸡蛋 牛奶	芝麻烧饼 苹果玉米汤	水果沙拉

本周食材购买清单

肉类：虾仁、鲈鱼、鸡块、牛腩、鳜鱼、猪肝、鱿鱼、干贝、黄花鱼等。

蔬菜：丝瓜、菠菜、番茄、油菜、冬瓜、绿豆芽、茄子、西葫芦、白萝卜、土豆、黄瓜、胡萝卜、芹菜、西蓝花、芥菜、香菇等。

水果：草莓、芒果、香蕉、苹果、火龙果、猕猴桃等。

其他：开心果、黑豆、红薯、玉米粒、豆腐、奶酪、榛子等。

中餐（二选一）		晚餐（二选一）		加餐
米饭 丝瓜虾仁 凉拌素什锦	菠菜鸡蛋面 干烧黄花鱼	花卷 香菇油菜 鸭肉冬瓜汤	什锦饭 番茄培根香菇汤	开心果 草莓
豆腐馅饼 板栗扒白菜 肉丝银芽汤	米饭 番茄炖牛肉 蒜蓉空心菜	青菜汤面 油焖茄条 山药五彩虾仁	小米粥 黄花鱼炖豆腐 香菇油菜	粗粮饼干 香蕉
米饭 京酱西葫芦 下饭蒜焖鸡	米饭 糖醋莲藕片片 家常焖鳜鱼	海带焖饭 芥菜干贝汤	肉末菜粥 盐水鸭肝 凉拌番茄	全麦面包 酸奶
米饭 孜然鱿鱼 糖醋圆白菜	豆角焖米饭 珊瑚白菜 奶酪鸡翅	木耳粥 煎黄花鱼 芹菜干子肉丝	牛肉卤面 三丁豆腐羹	水果拌酸奶
米饭 五香带鱼 橄榄炒四季豆	米饭 虾仁豆腐 白萝卜海带汤	胡萝卜小米粥 南瓜蒸肉 蘸酱菜	米饭 板栗扒白菜 海米海带丝	紫菜包饭
米饭 清蒸鲈鱼 香菇豆腐汤	虾仁蛋炒饭 什锦西蓝花	雪菜肉丝面 宫保素三丁	百合粥 馒头 蜜汁南瓜	火龙果西米露
排骨汤面 香菇豆腐塔	米饭 油焖茄条 时蔬鱼丸	玉米胡萝卜粥 酱牛肉	米饭 什锦烧豆腐 肉末炒芹菜	榛子 酸奶

孕 11 周 孕妈妈乳头变深，胎宝宝器官发育完善

下饭蒜焖鸡

芥菜干贝汤

鸡蛋紫菜饼

早餐 鸡蛋紫菜饼

原料： 鸡蛋 1 个，紫菜 8~10 克，面粉、盐、植物油各适量。

做法： ❶鸡蛋磕入碗中，搅匀；紫菜洗净，撕碎，用水浸泡片刻。❷鸡蛋液中加入面粉、紫菜、盐一起搅匀成糊。❸油锅烧热，将面糊倒入锅中，小火煎成一个个圆饼。❹圆饼出锅后切块即可。

中餐 下饭蒜焖鸡

原料： 鸡块 250 克，彩椒 2 个，去皮蒜瓣 10 个，姜片、料酒、海鲜酱、蚝油、白糖、植物油各适量。

做法： ❶鸡块洗净，用蚝油腌制 20 分钟；彩椒洗净，切块。❷油锅烧热，放入姜片、鸡块，小火煸炒至鸡肉出油脂，加入料酒烧开。❸加入蒜瓣、海鲜酱、蚝油、白糖，翻炒至鸡块上色；再加清水没过鸡块，大火烧开，小火收汁，加彩椒翻炒均匀即可。

晚餐 芥菜干贝汤

原料： 芥菜 250 克，干贝 3 只，高汤、葱末、姜末、蒜末、香油、盐各适量。

做法： ❶芥菜洗净切段；干贝用温水浸泡，入沸水锅煮软，捞出取干贝肉。❷锅中加高汤，放入芥菜、干贝肉、葱末、姜末、蒜末，稍煮入味，最后放入香油、盐调味即可。

早餐 荞麦凉面

原料: 荞麦面 100 克，醋、盐、白糖、熟海带丝、熟芝麻各适量。

做法: ❶荞麦面煮熟，捞出，用凉开水冲凉，加醋、盐、白糖搅拌均匀。❷荞麦面上撒上熟海带丝、熟芝麻即可。

中餐 干烧黄花鱼

原料: 黄花鱼 200 克，香菇 4 朵，五花肉 50 克，姜片、葱段、蒜片、料酒、酱油、白糖、盐、植物油各适量。

做法: ❶黄花鱼去鳞及内脏，洗净；香菇洗净，切小丁；五花肉洗净，切丁。❷油锅烧热，放入黄花鱼，双面煎炸至微黄色。❸另起油锅，放入肉丁和姜片，用小火煸炒，再放入香菇丁、葱段、蒜片翻炒片刻，加水烧开，放入黄花鱼，加入料酒、酱油、白糖，转小火，15 分钟后，加适量盐调味即可。

晚餐 宫保素三丁

原料: 土豆 200 克，黄瓜、甜椒各 100 克，花生仁 50 克，葱末、白糖、盐、水淀粉、香油、植物油各适量。

做法: ❶土豆洗净，去皮切丁；黄瓜、甜椒洗净，切丁；将花生仁、土豆丁分别过油炒熟。❷油锅烧热，煸香葱末，放入土豆丁、花生仁、黄瓜丁、甜椒丁，大火快炒，加白糖、盐调味，用水淀粉勾芡，最后淋香油即可。

孕 12 周

孕妈妈腰变粗了，胎宝宝学会打哈欠

现在，你可能已经注意到自己的腰变粗了，属于孕妈妈的美丽弧线慢慢出现了。

胎宝宝的身长约 65 毫米，头部的增长速度开始放慢。小家伙的声带开始形成，可以做出打哈欠的动作。

本周宜忌

1 要适量吃黄瓜
孕妈妈食用黄瓜，不仅能促进胎宝宝的脑细胞发育，增强其活力，还可以给孕妈妈提供膳食纤维，同时对早孕反应后恢复食欲有促进作用。黄瓜可生食、凉拌、炒食、煲汤，但不宜长时间炒制、炖煮，否则营养容易流失。

2 要适量吃鹌鹑肉
鹌鹑肉对孕妈妈的营养不良、体虚乏力、贫血头晕有很好的食疗作用。另外，鹌鹑肉富含的卵磷脂等是高级神经活动不可缺少的营养物质，对胎宝宝有健脑的作用，所以孕妈妈要适量吃一些鹌鹑肉。同时，孕妈妈也可以吃点鹌鹑蛋，每次 3~4 个为宜。

3 做唐氏筛查
唐氏筛查，即唐氏综合征产前筛选检查，最早可在孕 12 周进行，孕中期一般在孕 16 周检查。唐氏筛查可以防止 65%~90% 唐氏综合征、神经管缺损患儿的出生，因此一定要做。如果筛查结果显示危险性比较高，就应进行羊水穿刺检查或绒毛检查以求确诊。需要知道的是，做唐氏筛查，抽血的时候不需要空腹。

4 睡前泡泡脚
孕妈妈的双脚也需要细心呵护，睡前用热水泡脚能起到促进血液循环、温暖身体的作用，而且还能有效地消除身体的疲劳，促进睡眠。人体能接受的水温一般都在 39℃ 以下，而脚部温度是人体中最低的，因此泡脚水可以稍热于正常体温，38℃ 最接近人的体温，也是最舒适的泡脚温度。需要注意的是，泡脚时间控制在 20 分钟左右为宜，否则容易使血液循环过快，出现不适症状。

5 不宜戴隐形眼镜

怀孕之后，孕妈妈的泪液分泌比孕前减少，戴隐形眼镜后眼睛会出现异物感、干涩等症状，如果此时勉强戴隐形眼镜，容易因为不适而造成眼球新生血管明显损伤，所以孕妈妈最好不要再戴了。如果孕妈妈要参加重要的活动，非戴隐形眼镜不可，就要严格做好镜片清洗工作，或是使用日抛型隐形眼镜，用完就扔，让眼睛不会太干涩。尤其眼睛容易干或是有血丝的孕妈妈，最好使用透氧度高的隐形眼镜。如果稍有不适，就要尽快找眼科医生诊治。

6 不宜随便对付工作餐

职场孕妈妈中午怎么吃? 除了那些离家近、中午可以回家吃的孕妈妈，这是个问题。在外点餐的孕妈妈不要只点自己爱吃的菜，应该从营养的角度出发来选择食物，不执著于口味的享受，最好自带餐具外出就餐。孕妈妈也可以从家里带一些营养的饭菜，通常一道主菜、两道副菜就已足够。最好当天早上现做，特别是蔬菜，不要吃隔夜的。记得不要把所有的菜都通通放在饭上，最好把菜、饭分开装。

芹菜和豆干回锅后不变色、不变味，作为上班族孕妈妈的凉拌菜，不仅清淡，还保留大部分营养。

芹菜金钩拌香干

忌吃 还想吃 职场孕妈妈怎么吃

● 拒绝辛辣、重口味的食物。
● 烫、煮、凉拌的方式可以避免便当菜回锅后变色、变味，而且不油腻。
● 选择健康饮料，如矿泉水和纯果汁。

每天营养餐单

脂肪是孕妈妈生理活动所需能量的主要来源之一，怀孕过程中，孕妈妈必须增加足够的脂肪，才有力气维持自身的新陈代谢及日常活动。

花生中的不饱和脂肪酸，有益于孕妈妈和胎宝宝的健康。

合理补充脂肪

孕早期和孕中期，孕妈妈都要补充适量的脂肪，为胎宝宝身体器官发育提供能量。孕中后期，脂肪提供的能量应占总膳食供给能量的 25%~30%。以体重为 60 千克的孕中后期的孕妈妈来说，每日的摄入量约 60 克为宜（包括烧菜用的植物油 25 克和其他食物中含的脂肪）。

含脂肪较多的食物，包括各种油类，如大豆油、菜油、香油、猪油等，其中植物油里的不饱和脂肪酸含量普遍比动物油中的多。奶类、肉类、蛋类、坚果类、豆类含脂肪量也很多。另外，海鱼、海虾中含有的多不饱和脂肪酸，对胎宝宝的大脑发育尤为有益。

科学食谱推荐

星期	早餐（二选一）		加餐
一	花生粥 鸡蛋 牛奶	雪菜肉丝汤面 鸡蛋	橙子
二	杂粮煎饼 豆浆 蔬菜沙拉	百合绿豆粥 素包 鸡蛋	全麦面包 牛奶
三	香菇鸡汤面 凉拌番茄	火腿奶酪三明治 苹果汁	粗粮饼干
四	三鲜馄饨 鸡蛋饼	胡萝卜小米粥 豆包	猕猴桃
五	芝麻山药粥 鸡蛋	荞麦凉面 蔬菜沙拉	粗粮饼干 酸奶
六	百合粥 豆包 鸡蛋	全麦吐司 水果酸奶 开心果	紫菜包饭
日	番茄鸡蛋面 青椒土豆丝	杂粮蔬菜瘦肉粥 花卷	水果拌酸奶

本周食材购买清单

肉类：猪肉、牛肉、鸡肉、虾仁、鲈鱼、鸭肉、鱿鱼、黄花鱼等。

蔬菜：圆白菜、番茄、西蓝花、菜花、山药、胡萝卜、白菜、白萝卜、油菜、
菠菜、茭白、南瓜、四季豆、木耳、口蘑、香菇等。

水果：橙子、苹果、猕猴桃、火龙果等。

其他：鸡蛋、花生、开心果、豆腐、鹌鹑蛋、百合、莲子、红豆、豌豆等。

中餐（二选一）		晚餐（二选一）		加餐
米饭 番茄炖牛肉 什锦西蓝花	鸡丝炒面 凉拌素什锦	虾仁蛋炒饭 山药炒木耳	米饭 清蒸鲈鱼 鲜蘑炒豌豆	开心果 酸奶
排骨汤面 香菇豆腐	米饭 鹌鹑蛋烧肉 白萝卜海带汤	米饭 鸭块白菜 炒豆芽	米饭 凉拌素什锦 乌鸡滋补汤	榛子 胡萝卜苹果汁
米饭 孜然鱿鱼 香菇油菜	南瓜焖饭 肉丝银芽汤	南瓜粥 蘸酱菜 牛肉饼	米饭 茭白炒蛋 凉拌海带丝	牛奶燕麦片
米饭 三丝木耳 肉末茄条	米饭 干烧黄花鱼 宫保素三丁	米饭 番茄炖牛腩 鸭血豆腐汤	牛肉卤面 鸡蛋紫菜饼	全麦面包 牛奶
米饭 茄汁菜花 香菇山药鸡	虾仁蛋炒饭 圆白菜牛奶羹 凉拌黄瓜	米饭 橄榄炒四季豆 鲫鱼豆腐汤	米饭 南瓜蒸肉 炒菜花	火龙果西米露
米饭 宫保鸡丁 板栗扒白菜	排骨汤面 香菇豆腐	紫米粥 蜜汁南瓜	米饭 山药五彩虾仁	百合莲子银耳羹
米饭 糖醋莲藕片片 清蒸鲈鱼	米饭 小米蒸排骨 蜜汁南瓜	芝麻山药粥 豆腐馅饼	豆角焖米饭 肉丝银芽汤	红豆西米露

杂粮蔬菜瘦肉粥

鲜蘑炒豌豆

鹌鹑蛋烧肉

早餐 杂粮蔬菜瘦肉粥

原料： 粳米、糙米各 50 克，猪肉 100 克，菠菜、虾皮、盐、植物油各适量。

做法： ❶粳米、糙米均淘洗干净，煮成粥备用；菠菜择洗干净，焯水后切段；猪肉洗净，切丝。❷油锅烧热，倒入虾皮爆香，放入猪肉丝略炒，加水煮开，放入杂粮粥和菠菜段，再煮片刻至熟后加盐即可。

中餐 鹌鹑蛋烧肉

原料： 鹌鹑蛋 10 个，猪瘦肉 200 克，酱油、白糖、盐、植物油各适量。

做法： ❶猪瘦肉汆水 5 分钟后洗净，切块；鹌鹑蛋煮熟剥壳，入油锅中炸至金黄，捞出待用。❷再起油锅将肉炒至变色，加酱油、白糖、盐调味，加清水没过猪肉，待汤汁烧至一半时，加入鹌鹑蛋。❸汤汁收浓时，出锅装盘即可。

晚餐 鲜蘑炒豌豆

原料： 口蘑 100 克，豌豆 200 克，高汤、盐、水淀粉、植物油各适量。

做法： ❶口蘑洗净，切成小丁；豌豆洗净。❷油锅烧热，放入口蘑和豌豆翻炒，加适量高汤，用水淀粉勾芡，加盐调味即可。

早餐 香菇鸡汤面

原料： 细面条 200 克，鸡胸肉 100 克，青菜 1 棵，香菇 2 朵，鸡汤、盐各适量。

做法： ❶鸡胸肉洗净，切片，入锅中加盐煮，煮熟盛出。❷青菜洗净，入开水焯后切断；香菇入油锅略煎；鸡汤烧开，加盐调味。❸煮熟的面条盛入碗中，鸡胸脯肉摆在面条上，淋上热鸡汤，再点缀上青菜和煎好的香菇。

中餐 圆白菜牛奶羹

原料： 圆白菜半棵，菠菜 1 棵，牛奶 250 毫升，面粉、黄油、盐各适量。

做法： ❶将菠菜和圆白菜洗净，切碎焯熟。❷黄油入锅，待溶化后放面粉翻炒均匀，加牛奶、菠菜、圆白菜同煮。❸当牛奶煮沸后放适量盐调味。

晚餐 炒菜花

原料： 菜花 250 克，胡萝卜半根，高汤、盐、葱丝、姜丝、香油、植物油各适量。

做法： ❶菜花洗净，掰小朵，焯一下；胡萝卜洗净，切片。❷油锅烧热，爆香葱丝、姜丝，放菜花、胡萝卜翻炒，加盐调味，加高汤烧开。❸小火煮 5 分钟后，淋香油即可。

香菇鸡汤面

圆白菜牛奶羹

炒菜花

孕 12 周 孕妈妈腰变粗了，胎宝宝学会打哈欠

▶乳房更加丰满
▶乳晕的颜色继续变深
▶乳房开始分泌黄色的初乳

▶孕 16 周，胎宝宝的外生殖器发育完善，能分辨出性别
▶孕 18 周左右，胎宝宝进入活跃期，孕妈妈会感觉到胎动
▶孕 24 周，胎宝宝能分辨子宫内、外界的声音
▶孕 27 周，胎宝宝能察觉光线的变化

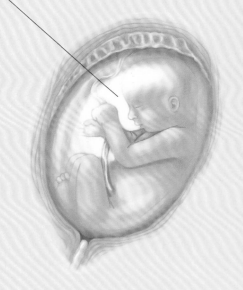

▶下腹隆起明显
▶子宫底的高度与肚脐平齐
▶腹部有紧绷感
▶子宫肌肉对外界的刺激开始敏感

由于关节、韧带的松弛，此时还会感到腰酸背痛。
从这个时期开始，孕妈妈和胎宝宝的交流开始频繁起来，胎宝宝能够听到子宫内外的声音了，孕妈妈也能够明显感到胎宝宝的胎动了！

孕中期

孕妈妈的肚子继续增大，不过早孕症状明显减轻了，进入人们常说的"最舒服的孕中期"。好好利用孕中期来补充你和胎宝宝需要的营养吧。如果你在孕早期完全没有增重，或由于严重的恶心呕吐，体重甚至减轻了，医生会建议你在孕中期补回来。

4月	5月	6月	7月
李子	香梨	香瓜	木瓜
↓	↓	↓	↓
香梨	香瓜	木瓜	哈密瓜
胎宝宝在孕4月进入第一个生长高峰，体重和身长可能会翻番，本月末，约为1个香梨的大小。	胎宝宝的体重继续稳步增长，身体比例更加协调，月末，相当于1个香瓜的大小。	胎宝宝的身体比例开始变得更加匀称，月末，相当于1个木瓜的大小。	本月，胎宝宝的身体开始充满整个子宫，相当于1个哈密瓜的大小。

孕13周
孕妈妈胃口变好，胎宝宝像条小金鱼

进入孕13周，就表示孕妈妈已经度过了最危险的孕早期，早孕反应也相对减轻，孕妈妈感觉自己又恢复了活力。

胎宝宝约有76毫米了，眼睛凸出在头的额部，两眼之间的距离在缩小，耳朵也已就位。

本周宜忌

1 选择低盐海苔

海苔浓缩了紫菜当中的B族维生素，特别是维生素B_2和烟酸的含量十分丰富。它还含有丰富的矿物质，有助于维持人体内的酸碱平衡，而且热量很低，膳食纤维含量很高，对孕妈妈来说是不错的零食。但孕妈妈在选择海苔时要注意选择低盐类的，避免摄入过多盐。

2 适当吃奶酪补钙

奶酪是牛奶"浓缩"成的精华，具有丰富的蛋白质、B族维生素、钙和多种有利于孕妈妈吸收的微量营养成分。天然奶酪中的乳酸菌有助于孕妈妈的肠胃对营养的吸收。所以，孕妈妈适当吃些奶酪，不仅可以补钙，还能防治便秘。

3 预防妊娠纹

孕中后期，有些孕妈妈的腹部出现了暗红色的妊娠纹，有些孕妈妈在臀部和腰部也会出现。妊娠纹在产后只会变淡，不太可能完全消除，因此孕妈妈在孕期的"抗皱行动"就显得格外重要。一方面，孕妈妈要控制体重增长过快，另一方面，可以配合抗妊娠纹按摩油、孕妇专用按摩乳液、维生素E软胶囊或纯橄榄油，在易产生妊娠纹的部位适度按摩肌肤。

4 "做爱做的事"

孕中期胎盘已经形成，胎宝宝此时在子宫中有胎盘和羊水作为屏障，会受到很好的保护，所以不要担心准爸爸和孕妈妈之间的"亲密动作"会伤害到胎宝宝。而性生活带来一定程度的子宫收缩，对胎宝宝也是一种锻炼。但有流产史并且本次妊娠流产危险期还未过去、阴道发炎、子宫收缩太频繁或子宫闭锁不全、发生早期破水情况的孕妈妈要禁止性生活。

5 不宜吃马齿苋

马齿苋性寒凉，有明显的兴奋作用，容易引发小产。由于马齿苋常用来做凉拌菜，所以，爱吃凉拌菜的孕妈妈需要多加注意。

6 不宜多吃黄油

黄油是将牛奶中的稀奶油和脱脂乳分离后，将稀奶油搅拌后而成的，其主要成分是脂肪，占90%左右，剩下的主要是水、胆固醇，基本不含蛋白质。大量食用黄油，容易引起孕妈妈血脂过高及体重超标，因此孕妈妈不宜多吃。

7 不宜用饮料代替白开水

白开水是补充人体水分的最佳选择，它最有利于人体吸收，且极少有副作用。各种市售果汁、饮料都含有较多的糖及其他添加剂和大量的电解质，这些物质在胃里停留较长时间，会对胃产生不良刺激，不仅影响食欲和消化，而且会增加肾脏过滤的负担，影响肾功能，摄入过多糖分还容易引起肥胖。因此，孕妈妈用饮料代替白开水是错误的。

水果与酸奶不仅能制成健康的饮品，还是适合孕妈妈饮用的营养加餐。

忌吃 还想吃　爱喝饮料的孕妈妈怎么喝

● 不宜多喝碳酸饮料，市售的果汁也要少喝。

● 可以自制新鲜的蔬果汁。

● 也可用水果和酸奶制作健康饮品。

每天营养餐单

由于胎宝宝的生长发育旺盛，孕妈妈对碘的需求量比一般人要高。孕妈妈摄入的碘够不够，直接决定了将来宝宝的聪明劲儿够不够，以及宝宝的头围、身高和体重能否达到标准。

补碘不可过量

孕期碘每日推荐量为175微克，相当于每日食用6克碘盐。含碘丰富的食物有海带、紫菜、海蜇、海虾等海产品，奶、蛋的含碘量也较高，然后为肉类及淡水鱼。谷类、豆类、根茎类和果实类食物中也含有微量的碘。在孕晚期，每周进食1~2次海带，就能为孕妈妈补充足够的碘。

食用碘盐是简单、安全、有效和经济的补碘方式，可以预防碘缺乏。由于碘是一种比较活泼、易于挥发的元素，碘盐应置于干燥、不受潮和不受高温烘烤的地方贮存。此外，烹饪时，最好在菜即将做好时放盐。

海虾富含碘，有助于维持胎宝宝正常的生理活动，促进甲状腺的健康发育。

科学食谱推荐

星期	早餐（二选一）		加餐
一	玉米粥 豆包 鸡蛋	番茄鸡蛋面 土豆饼	开心果 橙子
二	全麦面包 牛奶 蔬菜沙拉	平菇小米粥 菜包 鸡蛋	芝麻糊
三	水果酸奶全麦吐司	芝麻烧饼 豆浆	酸奶
四	三鲜馄饨 家常鸡蛋饼	芝麻山药粥 鸡蛋	猕猴桃
五	火腿奶酪三明治 南瓜浓汤	牛奶核桃粥 鸡蛋	粗粮饼干
六	豆腐脑 菜包 鸡蛋	香菇青菜面 凉拌海带丝	葵花子 柠檬蜂蜜饮
日	八宝粥 豆包 鸡蛋	全麦面包 水果酸奶	红枣银耳羹

本周食材购买清单

肉类：牛肉、猪肉、鲈鱼、带鱼、鸡肉、虾仁、黄花鱼、龙利鱼等。

蔬菜：土豆、番茄、油菜、豆角、圆白菜、空心菜、平菇、西蓝花、莲藕、胡萝卜、南瓜、香菇、白萝卜、黄瓜、菠菜等。

水果：橙子、猕猴桃、柠檬、橘子、苹果、哈密瓜、草莓等。

其他：鸡蛋、开心果、榛子、葵花子、豆腐、玉米粒、海带、松子等。

中餐（二选一）		晚餐（二选一）		加餐
米饭 什锦烧豆腐 葱爆甜椒牛柳	番茄鸡蛋面 香菇油菜	豆角肉丁面 芝麻圆白菜	米饭 芦笋虾仁 蒜蓉空心菜	粗粮饼干 酸奶
米饭 宫保鸡丁 青椒土豆丝	米饭 鹌鹑蛋烧肉 什锦西蓝花	米饭 糖醋莲藕片片 五香带鱼	荞麦凉面 番茄鸡片	水果拌酸奶
米饭 芝麻圆白菜 南瓜蒸肉	虾肉蒸饺 白萝卜海带汤	香菇荞麦粥 干烧黄花鱼	米饭 油焖茄条 土豆炖牛肉	榛子 苹果
米饭 青椒土豆丝 排骨海带汤	馒头 蒸龙利鱼柳 三丁豆腐羹	米饭 甜椒炒牛肉 番茄鸡蛋汤	香菇肉粥 西蓝花烧双菇 海带烧黄豆	全麦面包 酸奶
米饭 西蓝花烧双菇 松子爆鸡丁	米饭 青椒炒肉丝 香干炒芹菜	菠菜鸡蛋面 清蒸鲈鱼	米饭 糖醋莲藕片片 素什锦 鸭血豆腐汤	紫菜包饭
米饭 青椒肉丝 糖醋莲藕片片	米饭 清蒸鲫鱼 醋熘白菜	木耳粥 干烧黄花鱼 油焖茄条	什锦饭 土豆炖猪肉	蛋卷
米饭 鱼香茄子 番茄鸡片	米饭 素什锦 松子鸡肉卷	小米粥 三丝木耳 椒盐玉米	荞麦凉面 凉拌海带丝	红豆西米露

孕 13 周 孕妈妈胃口变好，胎宝宝像条小金鱼 **93**

早餐 水果酸奶全麦吐司

原料： 全麦吐司 2 片，酸奶 1 杯，蜂蜜、草莓、哈密瓜、猕猴桃各适量。

做法： ❶将全麦吐司切成方丁。❷所有水果洗净，去皮，切成丁。❸将酸奶倒入碗中，调入适量蜂蜜，再加入全麦吐司丁、水果丁搅拌均匀。

中餐 蒸龙利鱼柳

原料： 龙利鱼 1 块，盐、料酒、葱花、姜丝、豆豉、植物油各适量。

做法： ❶龙利鱼提前一晚放入冷藏解冻，用盐、料酒、葱花、姜丝腌制 15 分钟，入蒸锅，大火蒸6 分钟，取出备用。❷油锅烧热，爆香葱花，加入豆豉翻炒，淋在蒸好的龙利鱼上即可。

晚餐 椒盐玉米

原料： 玉米粒半碗，鸡蛋清 1 个，干淀粉、椒盐、葱末、植物油各适量。

做法： ❶玉米粒中加鸡蛋清搅匀，再加干淀粉搅拌。❷油锅烧热，把玉米粒倒进去，过半分钟之后再搅拌，炒至玉米粒呈金黄色。❸盛出玉米粒，把椒盐撒在玉米粒上，搅拌均匀，再撒入葱末即可。

早餐 南瓜浓汤

原料： 南瓜 300 克，牛奶 200 毫升，黄油 10 克，洋葱适量。

做法： ❶南瓜去皮去籽，切块；洋葱洗净，切丁。❷锅内加黄油、洋葱，加热至黄油融化、洋葱变软。❸再加入南瓜块、牛奶，煮至南瓜软烂，搅拌均匀即可。

中餐 松子鸡肉卷

原料： 鸡肉 100 克，虾仁 50 克，松子 20 克，胡萝卜碎丁、鸡蛋清、干淀粉、盐、料酒各适量。

做法： ❶将鸡肉洗净，切成薄片。❷虾仁洗净，切碎，剁成蓉，加入胡萝卜碎丁、盐、料酒、鸡蛋清和干淀粉搅匀。❸在鸡片上放虾蓉和松子，卷成卷儿，入蒸锅大火蒸熟。

晚餐 什锦饭

原料： 粳米 100 克，香菇、黄瓜、胡萝卜、青豆各 30 克，盐适量。

做法： ❶香菇、黄瓜、胡萝卜分别洗净，切丁；粳米、青豆分别淘洗干净。❷将所有食材放入锅内，加少许盐，加水用电饭锅焖熟即可。

孕 13 周 孕妈妈胃口变好，胎宝宝像条小金鱼

孕 14 周
孕妈妈容易便秘，胎宝宝长指纹了

孕妈妈的子宫增大，腹部也隆起，看上去已是明显的孕妇模样。现在，孕妈妈容易出现便秘症状，要多吃蔬菜和坚果。

胎宝宝的生长速度很快，有 95 毫米长了，手指上出现了独一无二的指纹印。

本周宜忌

1 多吃鲤鱼防水肿

越接近孕晚期，孕妈妈越易出现足踝部轻度水肿的现象，这是由于增大的子宫压迫下肢静脉，使血液循环受阻所引起的。鲤鱼有助于消水肿、清热解毒，对孕妈妈胎动不安、妊娠性水肿有很好的食疗效果，所以孕妈妈吃鲤鱼是很有益处的。

2 用小苏打水清洗蔬果

淡盐水洗蔬果很常见，但不科学，因为淡盐水很难有效去除蔬果表面的农药残留。而用小苏打水清洗、浸泡生吃的蔬果，是安全有效的洗涤方法。

因为小苏打水呈弱碱性，可加速大多数农药分解。不过，用小苏打水清洗后的蔬果不宜保存，所以孕妈妈最好即洗即食。

3 缓解眼睛干涩

孕妈妈怀孕时，泪液分泌会减少，泪液中的黏液成分会增加，容易造成眼睛干涩。多吃富含维生素 A 的食物可以预防眼睛干涩，如胡萝卜、番茄、红枣等。孕妈妈还要避免长时间面对电脑或看书，感觉眼睛疲惫时，可以闭上眼休息一下。眼睛难受时，不要用手揉眼睛，注意用眼卫生。

4 护理秀发

孕妈妈体内的雌激素水平上升，延长了头发的生长期，于是头发变得更浓密，更有光泽。孕妈妈可以抓紧这段时间，护理自己美丽的秀发。除了定期修剪发梢外，孕妈妈可以每天用指腹按摩头部 10~15 分钟，这样能够改善头部血液循环，促进皮脂腺、汗腺的分泌，从而改善发质。

5 脾胃虚寒不宜多吃梨

梨的营养价值很高,素有"百果之宗"的称号,但也不能随意多吃。由于梨性凉,多吃会伤脾胃,所以,脾胃虚寒、畏冷食的孕妈妈要少吃。

6 不宜吃芦荟

芦荟是凉性的,能扩张毛细血管,引起子宫收缩,孕妈妈吃芦荟可能引起子宫内壁充血。所以,孕妈妈尽量不要吃芦荟和含有芦荟的食物,如芦荟汁、芦荟酸奶等。

7 不宜喝没煮开的豆浆

黄豆中含有的抗营养因子遇热不稳定,可以通过加热完全消除。此外,生豆浆中含有皂苷,易导致恶心、呕吐等中毒反应。所以豆浆不仅要煮开,煮的时候还要敞开锅盖,煮沸后继续加热3~5分钟,使泡沫完全消失。孕妈妈每次饮用250毫升为宜,如果是自制豆浆,尽量在2小时以内喝完。

山药、豆浆入粥煮食,养护脾胃,加点红糖调味,品尝一丝"甜蜜"。

山药豆浆粥

忌吃 还想吃 **孕期健康吃梨**

● 孕妈妈吃梨可以隔水蒸过或者入汤煮熟后再吃。

● 相比于其他梨,贡梨更适合熟吃,熟吃贡梨可滋养五脏。

每天营养餐单

由于胎宝宝的骨骼正在快速成长，这个阶段补钙是一件非常重要的事情。为了促进胎宝宝的骨骼健康，孕妈妈要多晒太阳，以合成能够促进钙吸收的维生素 D。

适量补充维生素 D

维生素 D 大部分来源于人体自身皮肤的合成，这个过程中阳光里的紫外线起到了很大的作用。如果孕妈妈每周能晒 2 次太阳，每次 10~15 分钟，再选择以下食物中的任何一份，就不必担心缺乏维生素 D 了：60 克鲑鱼片，50 克鳗鱼，2 个鸡蛋加 150 克香菇。

维生素 D 可以在体内蓄积，过多摄入会引起维生素 D 过多症，甚至发生中毒，表现为头痛、厌食、软组织钙化、肾衰竭、高血压等症状。孕期摄入过量，会导致胎宝宝骨骼硬化，造成最终的分娩困难，孕中期维生素 D 每日推荐量为 10 微克。

鱼肉中的维生素 D 含量很高，可促进钙的吸收。

科学食谱推荐

星期	早餐（二选一）		加餐
一	手卷三明治 牛奶	肉松面包 蔬菜沙拉 牛奶	开心果 草莓
二	燕麦南瓜粥 豆包 鸡蛋	蛋炒饭 牛奶 凉拌番茄	全麦面包 酸奶
三	芝麻糊 鸡蛋 生菜沙拉	菜包 土豆海带汤	水果拌酸奶
四	豆腐脑 芝麻烧饼 凉拌番茄	山药牛奶燕麦粥 馒头 香蕉	苹果
五	全麦面包 牛奶 苹果	鲜肉馄饨 生菜沙拉	山药糊
六	番茄面片汤 南瓜饼	胡萝卜小米粥 家常鸡蛋饼	榛子 猕猴桃香蕉汁
日	火腿奶酪三明治 苹果	芝士炖饭 苹果玉米汤	百合莲子桂花饮

本周食材购买清单

肉类：羊肉、鲈鱼、猪肉、鲫鱼、鸡肉、鳜鱼、牛里脊、带鱼、北极虾等。

蔬菜：胡萝卜、西蓝花、口蘑、山药、西葫芦、茭白、香菇、紫菜、芦笋、白菜、土豆、芹菜、扁豆、南瓜、番茄、洋葱等。

水果：草莓、芒果、猕猴桃、香蕉、苹果、火龙果等。

其他：鸡蛋、开心果、豆腐、松子、香干、莲子、百合、榛子、银耳、海带、豌豆等。

中餐（二选一）		晚餐（二选一）		加餐
米饭 什锦烧豆腐 山药羊肉汤	米饭 清蒸鲈鱼 鲜蘑炒豌豆	馒头 京酱西葫芦 肉丝银芽汤	米饭 茭白炒蛋 猪肉海带丝	粗粮饼干 酸奶
米饭 糖醋白菜 鲫鱼冬瓜汤	米饭 蒜蓉菠菜 香菇山药鸡	牛肉焖饭 香菇炒菜花 紫菜汤	米饭 椒盐虾 炒三脆	芒果
米饭 猪肉焖扁豆 蒜香黄豆芽	米饭 油焖茄条 时蔬鱼丸	米饭 西蓝花烧双菇 松子爆鸡丁	菠菜鸡蛋饼 香干炒芹菜 紫菜汤	火腿奶酪三明治
米饭 五香带鱼 白萝卜海带汤	米饭 京酱西葫芦 香芒牛柳	鸡丝面 蒜蓉茄子 番茄炒鸡蛋	番茄炒饭 意式蔬菜汤	苏打饼干 酸奶
豆腐馅饼 银耳拌豆芽 玉米排骨汤	蛋炒饭 家常焖鳜鱼 芸豆烧荸荠	馒头 鸡脯扒小白菜 菠菜鱼片汤	米饭 青椒炒茄丝 番茄炖豆腐	蛋卷 牛奶
米饭 宫保鸡丁 菠菜蛋花汤	米饭 什锦西蓝花 红烧鲫鱼	清汤面 土豆炖牛肉 葱油萝卜丝	海带焖饭 香菇鸡片	奶香麦片
米饭 香菇油菜 甜椒炒牛肉	西蓝花培根意面 奶酪鸡翅 南瓜浓汤	米饭 松子青豆炒玉米 肉片炒木耳	猪血鱼片粥 菠菜炒鸡蛋 鲜蘑炒豌豆	西米火龙果

早餐 芝士炖饭

原料： 米饭 1 碗，番茄 1 个，芝士 2 片，盐、橄榄油各适量。

做法： ❶芝士切碎；番茄切块，用橄榄油拌匀，放入 160℃的烤箱内烘焙 30 分钟。❷米饭蒸热，放入芝士碎、番茄，再调入盐，继续蒸，待芝士完全融化后，加入适量橄榄油，拌匀即可。

中餐 香芒牛柳

原料： 牛里脊 200 克，芒果 1 个，青椒、红椒各 20 克，鸡蛋清 1 个，盐、白糖、料酒、干淀粉、植物油各适量。

做法： ❶牛里脊切成条，加鸡蛋清、盐、料酒、干淀粉腌制 10 分钟；青椒、红椒洗净，去籽切条；芒果去皮，取果肉切粗条。❷油锅烧热，下牛肉条，快速翻炒，加白糖微压片刻，加入青椒、红椒翻炒。❸出锅前放入芒果条，拌炒一下即可。

晚餐 炒三脆

原料： 银耳 30 克，胡萝卜、西蓝花各 100 克，水淀粉、盐、姜片、香油、植物油各适量。

做法： ❶银耳泡发，剪去老根，择成小朵，待用；胡萝卜洗净切丁。❷西蓝花洗净，择成小朵；锅内加水烧热，焯熟西蓝花。❸油锅烧热，爆香姜片，放入胡萝卜、银耳、西蓝花翻炒片刻，调入水淀粉和盐，拌炒至匀后淋入香油即可。

一日三餐举例

香芒牛柳

炒三脆

芝士炖饭

意式蔬菜汤

手卷三明治

奶酪鸡翅

早餐 手卷三明治

原料： 吐司 2 片，芦笋 2 根，北极虾 30 克，沙拉酱适量。

做法： ❶吐司去边，压平；北极虾剥壳，入沸水氽熟；芦笋洗净，切断，入沸水焯烫。❷吐司上抹上沙拉酱，依次放上北极虾、芦笋，卷起即可。

中餐 奶酪鸡翅

原料： 鸡翅 4 个，黄油、奶酪各 50 克，盐适量。

做法： ❶将鸡翅清洗干净，并将鸡翅从中间划开，撒上盐腌制 1 小时。❷将黄油放入锅中融化，待油温升高后将鸡翅放入锅中。❸用小火将鸡翅彻底煎熟透，然后将奶酪擦成碎末，均匀撒在鸡翅上。

晚餐 意式蔬菜汤

原料： 胡萝卜、南瓜、西蓝花、白菜各 100 克，洋葱 1 个，蒜末、高汤、橄榄油各适量。

做法： ❶胡萝卜、南瓜洗净，切小块；西蓝花洗净掰朵；白菜、洋葱洗净，切碎。❷锅内放橄榄油，中火加热，放洋葱碎翻炒几分钟至洋葱变软。❸锅内放蒜末和所有蔬菜，翻炒 2 分钟；倒入高汤，烧开后转小火炖煮 10 分钟即可。

孕15周
孕妈妈牙龈红肿，胎宝宝长出胎毛

孕妈妈现在要特别注意口腔卫生，养成餐后漱口、使用牙线、早晚刷牙的习惯。

本周的胎宝宝，身上长出一层细细的绒毛。小家伙现在会做许多动作，像皱眉头、做鬼脸、吸吮自己的大拇指等。

本周宜忌

1 鸭肉富含优质油脂

鸭肉富含蛋白质、脂肪、铁、钾等多种营养素，有清热凉血、祛病健身的功效。孕妈妈可选择吃白鸭肉，清热凉血效果更好。研究表明，鸭肉中的脂肪不同于黄油或猪油，其化学成分近似橄榄油，有降低胆固醇的作用，能有效防治妊娠期高血压。

2 搭配玉米吃豌豆

豌豆荚和豆苗的嫩叶富含维生素C和能分解体内亚硝胺的酶，具有抗癌防癌的作用。豌豆富含膳食纤维，能促进大肠蠕动，保持大便通畅，起到清洁大肠的作用。搭配着玉米吃豌豆，还可起到蛋白质互补的作用，孕妈妈宜适量食用。

3 常备零食在身边

孕妈妈已经过了早孕反应期，食欲开始大增，容易感觉到饥饿。所以，孕妈妈，尤其是上班族的孕妈妈，要常备一些零食在身边。比如全麦面包、红枣、核桃、葡萄干、酸奶、苹果、葵瓜子等。

4 做好口腔护理

妊娠期，许多口腔疾病很容易发生或加重，如龋齿、牙龈炎和牙周炎。要知道，这些口腔问题也会影响胎宝宝的健康。

因此，孕妈妈进餐后要漱口，每天至少刷2次牙，或者使用牙线作为辅助方式，清洁牙齿上的牙菌斑和食物残渣。如果孕妈妈患有智齿，要使用抑制细菌的牙膏或服用适量的维生素D。但要少用含氟牙膏，防止氟影响胎宝宝大脑神经元的发育。

5 不宜吃未成熟的番茄

黄青色的番茄含有大量的有毒番茄碱，孕妈妈食用后会出现恶心、呕吐、全身乏力等中毒症状，对胎宝宝的发育有害。所以，孕妈妈一定要吃熟透的番茄。

6 不宜拔牙

怀孕后，孕妈妈的牙龈多有充血或出血症状，还有些孕妈妈口腔常出现个别牙或者全口牙肿胀现象。虽然怀孕 3~7 个月拔牙相对安全些，但是为了防止细菌通过创面进入血液，影响胎宝宝的健康，孕妈妈最好等生产后再进行治疗为佳。如果牙痛加重，建议孕妈妈先咨询口腔医生，用点局部消炎药或者进行补牙术。

7 不宜吃火锅

火锅原料多是羊肉、牛肉等生肉片，还有海鲜等，这些都有可能含有弓形虫的幼虫及其他寄生虫。这些虫寄生在畜禽的细胞中，肉眼看不见，人们吃火锅时，习惯烫一下就吃，短暂的热烫不能杀死幼虫及虫卵，进食后可能会造成弓形虫感染，导致流产等严重后果。因此，孕妈妈最好不要吃火锅，实在要吃，食材一定要煮到熟透再吃。

莲藕片入沸水汆烫后，挤入柠檬汁直接食用，维生素 C 含量丰富，可收缩止血，辅助治疗牙龈炎。

凉拌藕片

忌吃 还想吃 爱吃火锅的孕妈妈怎么吃

● 不宜选择辛辣、刺激、重口味的火锅锅底，而应选择清汤锅底。

● 先吃蔬菜类，再吃肉类。

● 肉类一定要煮到熟透后再吃。

● 可以选择芝麻酱、花生酱作为调味料，避免选择多盐、多味精的调料或香辣酱。

每天营养餐单

孕妈妈稳定的精神状态有赖于对维生素 B_1 的摄入，所以，除了延续一直以来的饮食原则外，孕妈妈还要格外关注一下维生素 B_1 的供给。

关注维生素 B_1 的补充

维生素 B_1 和孕妈妈、胎宝宝的精神状态息息相关，缺了维生素 B_1，孕妈妈会感到疲劳，胎宝宝的正常生理代谢也会受到影响。因此，孕妈妈不要懈怠维生素 B_1 的摄取，孕期每日推荐量为 1.5 毫克。

粗粮中含有丰富的维生素 B_1，它是粗粮中的宝贝。维生素 B_1 主要存在于种子的外皮和胚芽中，所以其主要食物来源为谷类和豆类。比如小米和绿豆中维生素 B_1 的含量就很丰富。维生素 B_1 还广泛存在于动物内脏、瘦肉和蛋黄中，蔬菜如白菜、芹菜、莴笋叶中的含量也比较高。

白菜中的维生素 B_1 起着维持碳水化合物正常代谢的作用，是孕妈妈不可缺少的营养素之一。

科学食谱推荐

星期	早餐（二选一）		加餐
一	玉米粥 豆包 鸡蛋	手卷三明治 牛奶	核桃
二	苹果葡萄干粥 鸡蛋	全麦面包 果蔬汁	粗粮饼干 酸奶
三	花卷 豆浆 凉拌番茄	小米红枣粥 馒头 鸡蛋	榛子 草莓
四	全麦面包 牛奶 蔬菜沙拉	芝麻糊 苹果	蛋卷
五	芝麻烧饼 豆浆	山药牛奶燕麦粥 鸡蛋	全麦面包 牛奶
六	三鲜馄饨 橙子	白菜豆腐粥 家常鸡蛋饼	银耳羹
日	素蒸饺 豆浆	肉末菜粥 土豆饼 牛奶	开心果

本周食材购买清单

肉类：猪肉、牛肉、鸡肉、带鱼、鳕鱼、鲈鱼等。

蔬菜：番茄、胡萝卜、西蓝花、青菜、香菇、芦笋、土豆、木耳、莲藕、白萝卜、西葫芦、白菜、荷兰豆、扁豆、莴笋、口蘑等。

水果：苹果、草莓、西柚、橙子、橘子等。

其他：海带、鸡蛋、百合、榛子、开心果、豌豆、豆腐、银耳、红枣等。

中餐（二选一）		晚餐（二选一）		加餐
米饭 番茄炒鸡蛋 猪肉焖扁豆	米饭 胡萝卜炖肉 什锦西蓝花	青菜香菇面 里脊肉炒芦笋	香菇肉粥 青椒土豆丝	苹果
米饭 椒盐玉米 小米蒸排骨	米饭 清蒸鲈鱼 三丝木耳	米饭 鲜蔬小炒肉 荷塘小炒	牛肉焖饭 白萝卜海带汤	西柚汁
米饭 香菇油菜 南瓜蒸肉	米饭 糖醋白菜 番茄鸡片	豆角焖米饭 宫保素三丁	米饭 鸡丝沙拉 蒜蓉空心菜	全麦面包 牛奶
米饭 珊瑚白菜 肉丝银芽汤	米饭 宫保素三丁 荷兰豆炒肉	杂粮蔬菜瘦肉粥 鲜蘑炒豌豆	香菇鸡汤面 炒菜花	粗粮饼干 酸奶
米饭 山药五彩虾仁 百合汤	米饭 油焖茄条 时蔬鱼丸	荞麦凉面 京酱西葫芦	米饭 海带烧黄豆 胡萝卜炖肉	开心果 橙子
米饭 板栗扒白菜 香菇豆腐塔	米饭 香煎鳕鱼 炒菜花	什锦面 五香带鱼	玉米胡萝卜粥 鸡脯扒油菜	酸奶
米饭 番茄炖牛腩 鲜蔬小炒肉	米饭 松子鸡肉卷 土豆海带汤	香菇鸡汤面 三丝木耳	百合粥 莴笋炒口蘑	水果沙拉

清蒸鲈鱼

肉末菜粥

荷塘小炒

早餐 肉末菜粥

原料： 粳米30克,猪肉末20克,青菜、葱末、姜末、盐、植物油各适量。

做法： ❶将粳米熬成粥；青菜洗净,切碎待用。❷油锅烧热,加入葱末、姜末煸香,倒入切碎的青菜,与猪肉末一起炒散。❸将猪肉末和青菜倒入粥内,加入盐调味,稍煮即可。

中餐 清蒸鲈鱼

原料： 鲈鱼1条,香菇4朵,火腿40克,笋片30克,盐、料酒、酱油、姜丝、葱丝各适量。

做法： ❶鲈鱼处理干净放入蒸盘中；香菇洗净,切片,摆在鱼身内及周围处。❷火腿切片,与笋片一同码在鱼身上；将姜丝、葱丝均匀放在鱼身上,加盐、酱油、料酒。❸锅中加适量水,大火烧开,放上蒸屉,放入鱼盘,大火蒸8~10分钟,鱼熟后取出即可。

晚餐 荷塘小炒

原料： 莲藕100克,胡萝卜、荷兰豆各50克,木耳、盐、水淀粉、植物油各适量。

做法： ❶木耳洗净,泡发,撕小朵；荷兰豆择洗干净；莲藕去皮,洗净,切片；胡萝卜洗净,去皮,切片；水淀粉加盐调成芡汁。❷将胡萝卜、荷兰豆、木耳、莲藕片分别放入沸水中断生,捞出沥干。❸油锅烧热,倒入断生后的食材翻炒出香味,浇入芡汁勾芡即可。

早餐 白菜豆腐粥

原料：粳米 100 克，白菜叶 50 克，豆腐 60 克，葱丝、盐、植物油各适量。

做法：❶粳米淘洗干净，倒入盛有适量水的锅中熬煮。❷白菜叶洗净，切丝；豆腐洗净，切块。❸油锅烧热，炒香葱丝，放入白菜叶、豆腐同炒片刻。❹将白菜叶、豆腐倒入粥锅中，加适量盐继续熬煮至粥熟。

中餐 猪肉焖扁豆

原料：猪瘦肉 200 克，扁豆 250 克，葱花、姜末、胡萝卜片、盐、高汤、植物油各适量。

做法：❶猪瘦肉洗净，切薄片；扁豆择洗干净，切成段。❷油锅烧热，用葱花、姜末炝锅，放肉片炒散后，将扁豆、胡萝卜放入翻炒。❸加盐、高汤，转中火焖至扁豆熟透即可。

晚餐 莴笋炒口蘑

原料：莴笋 200 克，胡萝卜半根，口蘑 200 克，盐、植物油各适量。

做法：❶莴笋去皮，洗净，切条；胡萝卜洗净，去皮，切条；口蘑洗净，切片。❷油锅烧热，放入莴笋条、胡萝卜条煸炒，再放入口蘑片，快速煸炒，加适量水，焖煮一会儿，加盐调味，再翻炒片刻即可。

白菜豆腐粥

莴笋炒口蘑

猪肉焖扁豆

孕 15 周 孕妈妈牙龈红肿，胎宝宝长出胎毛 **107**

孕 16 周
孕妈妈肚子凸起，胎宝宝偷偷打嗝

孕妈妈的子宫及子宫两边的韧带和盆骨，为适应胎宝宝变化而迅速增大，腹部一侧可能有触痛，不必担心。

孕 16 周的胎宝宝，身长约 12 厘米，体重约 120 克，看上去还是非常小，大小正好可以放在孕妈妈的手掌里。

本周宜忌

1 每次 10 颗樱桃为宜
樱桃含有 β - 胡萝卜素、维生素 C、维生素 E 及钙、铁、磷等矿物质，可促进血红蛋白再生，既可防治缺铁性贫血，又可增强体质、健脑益智，非常适合孕妈妈食用。但樱桃不能多食，否则会引起肠胃不适，每次吃 10 颗左右为宜。

2 吃西葫芦增进食欲
孕妈妈在孕中晚期很容易发生水肿，进而造成心情烦躁，而西葫芦在中医理论中具有清热利尿、除烦止渴、润肺止咳、消肿散结的功能，水肿的孕妈妈可适当多吃。西葫芦还含有一种干扰素的诱生剂，可刺激机体产生干扰素，提高免疫力。

此外，西葫芦口味极好，有利于增加孕妈妈的食欲。

3 饮食调理胃灼热
如果孕妈妈胃灼热难忍，可吃些红萝卜，它是碱性食物，汁多味甘，有中和作用。也可喝些生姜水或陈皮水，能够缓解胃部烧灼感。

4 不宜穿带钢圈文胸

这一阶段，孕妈妈乳房会明显增大，文胸又要换了。带有钢圈的文胸不适合孕妈妈，会压迫已经增大的乳房组织，影响乳房的血液循环。孕妈妈应选择透气良好、吸汗、舒适，且具有一定伸缩性、纯棉材质的无钢圈文胸或运动型文胸。

5 不宜多吃宵夜

孕妈妈对营养的需求量比孕前增多，才吃过不久就会觉得有点饿，尤其是在晚上，有的孕妈妈因而会吃宵夜。但是，晚饭后人的活动有限，而且人体在夜间对热量和营养物质的需求量不大，如果宵夜吃得太多，会增加孕妈妈的肠胃负担。

6 不宜服用蜂王浆

蜂王浆等口服液含有激素物质，会刺激子宫，使胎宝宝过大，不利于分娩。还会使胎宝宝体内激素增加，容易导致新生儿假性早熟，所以孕妈妈不宜服用蜂王浆。

香菇与瘦肉尽量切小丁，更容易煮烂，与粳米煮粥食用，可作为孕妈妈宵夜的首选。

香菇瘦肉粥

忌吃还想吃 孕妈妈如何健康吃宵夜

● 粥是健康宵夜的首选食物，营养美味又易消化。

● 不可选择油炸、烧烤、比萨等高油脂、高热量的食物；由于空腹吃甜品会使胃酸分泌过多，引起胃部不适，最好也不要选择甜品。

● 宵夜的量一定要少，与睡觉时间最好间隔2~3小时。

每天营养餐单

在胎宝宝大脑发育的关键时期，孕妈妈需摄取足够的卵磷脂，以保证胎宝宝大脑的发育，孕期卵磷脂每日推荐补充500毫克。

山药与乌鸡炖汤食用，可补充胎宝宝大脑发育所需的卵磷脂。

益智营养素——卵磷脂

卵磷脂在人的大脑中占到了三分之一，而在脑细胞中更高，比重为70%~80%，对于处于大脑发育关键时期的胎宝宝，卵磷脂就是最关键、最重要的益智营养素。卵磷脂是由磷酸和脂肪酸结合在一起构成的，可以通过每天吃含脂肪和磷的食物来合成。由于很多食物都含卵磷脂，所以它是一种不易缺乏的营养素。

卵磷脂多存在于蛋黄、黄豆、鱼头、鳗鱼、动物肝脏、菇类、山药、芝麻、木耳、葵花子、谷类等食物中，其中又以蛋黄、黄豆和动物肝脏中含量最高。

科学食谱推荐

星期	早餐（二选一）		加餐
一	百合粥 鸡蛋饼	素包 豆浆	苹果
二	银耳樱桃粥 花卷	三鲜馄饨 鸡蛋	榛子 草莓
三	牛奶山药燕麦粥 鸡蛋	火腿奶酪三明治 橙汁	核桃
四	香菇青菜面 凉拌海带丝	白萝卜粥 花卷	粗粮饼干 酸奶
五	全麦面包 牛奶 蔬菜沙拉	素蒸饺 豆浆	蛋卷
六	雪菜肉丝汤面 凉拌黄瓜	家常鸡蛋饼 牛奶	红豆西米露
日	芝麻汤圆 苹果	豆腐脑 芝麻烧饼	全麦面包 酸奶

本周食材购买清单

肉类：猪肝、猪肉、排骨、牛肉、黄花鱼、鸡肉、鳗鱼、带鱼、鲈鱼等。

蔬菜：番茄、胡萝卜、西蓝花、青菜、香菇、山药、荸荠、土豆、木耳、莲藕、
白萝卜、西葫芦、白菜、雪菜等。

水果：苹果、草莓、西柚、橙子、橘子等。

其他：芋头、海带、鸡蛋、榛子、开心果、豌豆、豆腐、银耳、红枣、芝麻等。

中餐（二选一）		晚餐（二选一）		加餐
米饭 香菇油菜 山药排骨汤	米饭 什锦烧豆腐 葱爆甜椒牛柳	米饭 清蒸鲈鱼 凉拌黄豆海带丝	豆角肉丁面 芝麻圆白菜	全麦面包 牛奶
米饭 糖醋白菜 番茄鸡片	米饭 红烧鳗鱼 蒜蓉空心菜	米饭 蘸酱菜 南瓜蒸肉	米饭 糖醋莲藕片片 五香带鱼	粗粮饼干 酸奶
牛肉焖饭 蒜蓉西蓝花 紫菜汤	米饭 鱼香肝片 番茄炖豆腐	排骨汤面 香菇豆腐塔	米饭 茭白炒蛋 京酱西葫芦	火龙果
咸蛋黄烩饭 肉丝银芽汤	青菜面 土豆炖牛肉 葱油萝卜丝	米饭 香菇山药鸡 青椒土豆丝	米饭 肉末炒芹菜 油焖茄条	苹果
虾仁蛋炒饭 玉米羹 凉拌黄瓜	米饭 干烧黄花鱼 宫保素三丁	三鲜汤面 芸豆烧荸荠	米饭 糖醋圆白菜 猪肝拌黄瓜	开心果 猕猴桃
豆角焖米饭 芋头排骨汤	米饭 番茄炖牛肉 青椒土豆丝	牛肉卤面 蒜蓉空心菜	煎茄子饼 胡萝卜炒豌豆 番茄汤	水果沙拉
鸡丝麻酱荞麦面 番茄培根香菇	馒头 鸭块白菜 凉拌番茄	香菇鸡汤面 香干芹菜	燕麦南瓜粥 豌豆鸡丝	橘瓣银耳羹

孕 16 周 孕妈妈肚子凸起，胎宝宝偷偷打嗝

雪菜肉丝汤面

鱼香肝片

凉拌黄豆海带丝

早餐 雪菜肉丝汤面

原料： 面条、猪肉丝各 100 克，雪菜半棵，酱油、盐、料酒、葱花、姜末、高汤、植物油各适量。

做法： ❶雪菜洗净，浸泡 2 小时，捞出沥干，切碎末；猪肉丝洗净，加料酒拌匀。❷油锅烧热，下葱花、姜末、猪肉丝煸炒，至肉丝变色，再放入雪菜末翻炒，放入料酒、酱油、盐，炒匀盛出。❸煮熟面条，挑入盛适量酱油、盐的碗内，舀入适量高汤，再把炒好的雪菜肉丝均匀地覆盖在面条上。

中餐 鱼香肝片

原料： 猪肝 150 克，青椒 1 个，盐、葱末、白糖、醋、料酒、干淀粉、植物油各适量。

做法： ❶青椒洗净切片；猪肝洗净切片，用料酒、盐、干淀粉腌制；将白糖、醋及剩余的干淀粉调成芡汁。❷油锅中放入葱末爆香，加入浸好的猪肝炒几下，再放入青椒，熟后倒入芡汁即可。

晚餐 凉拌黄豆海带丝

原料： 海带 100 克，黄豆 20 克，胡萝卜 30 克，芝麻、香油、盐各适量。

做法： ❶海带洗净，放入蒸锅中蒸熟，取出切丝；泡发黄豆；胡萝卜洗净切丝。❷泡好的黄豆和胡萝卜丝放入水中煮熟，捞出沥干水分。❸将海带丝、胡萝卜丝和黄豆放入盘中，调入香油和盐拌匀，撒上芝麻即可。

早餐 白萝卜粥

原料： 白萝卜半根，粳米 120 克，红糖适量。

做法： ❶白萝卜去皮洗净，切成丝；粳米洗净，浸泡 30 分钟。❷锅中放入粳米和适量水，大火烧沸后改小火，熬煮成粥。❸待粥煮熟时，放入白萝卜丝，略煮片刻。❹放入红糖，搅拌均匀即可。

中餐 芋头排骨汤

原料： 排骨 200 克，芋头 150 克，料酒、葱花、姜片、盐各适量。

做法： ❶芋头去皮洗净，切块；排骨洗净，切段，放入热水中烫去血沫后捞出。❷先将排骨、姜片、葱花、料酒放入锅中，加清水，用大火煮沸，转中火焖煮 15 分钟。❸拣出姜片，加入芋头和盐，小火慢煮 45 分钟即可。

晚餐 京酱西葫芦

原料： 西葫芦 300 克，海米、枸杞子、盐、甜面酱、水淀粉、姜末、高汤、料酒、植物油各适量。

做法： ❶将西葫芦洗净，切成厚片。❷油锅烧热，倒入姜末、海米翻炒，加甜面酱继续翻炒，然后倒入高汤，依次放入料酒、盐，再放入西葫芦片。❸待西葫芦煮熟后放枸杞子，用水淀粉勾芡，小火收干汤汁即可。

芋头排骨汤

京酱西葫芦

白萝卜粥

孕 16 周 孕妈妈肚子凸起，胎宝宝偷偷打嗝 **113**

孕 17 周

孕妈妈容易疲累，胎宝宝非常活跃

孕妈妈的大肚子愈加明显，身体的重心开始转移，即使是站一会儿也会感到累，现在开始要注意休息了。

这时候的胎宝宝大概有 13 厘米长。小家伙非常活跃，会不断地吸入和吐出羊水，还经常用手抓住脐带玩。

本周宜忌

1 常吃番茄美容养颜

妊娠斑是一种黄褐色的蝴蝶斑，一般多分布于鼻梁和两颊，这是由脑垂体分泌的促黑激素造成的。番茄就是一种能够淡化妊娠斑的理想食物，番茄富含番茄红素、维生素 C 和 β-胡萝卜素，常吃不仅可以补充营养素，还能祛斑养颜。

2 适量吃玉米

玉米中的维生素 B_1 能增进孕妈妈的食欲，促进胎宝宝发育，提高神经系统的功能。玉米中还含有丰富的膳食纤维，能加速致癌物质和其他有毒物质的排出，防止孕妈妈便秘。

因此，孕妈妈可以适量吃玉米。但水果玉米含糖量较高，患有妊娠糖尿病的孕妈妈最好选择吃糯玉米或紫玉米。

3 穿着孕妇服出门

孕妈妈的肚子开始与日俱增，这个时候穿着不要追求随意性。要在衣橱里备一些孕妇装，穿出孕妈妈的时尚，最好根据怀孕的季节来选择。可以选择背带裤、背带裙、A 字裙或连衣裙，宽松的职业套装也是不错的选择。早早地穿着孕妇服，还能让同行或同车的人识别出你的身份，他们就会有意识地避让或给你让座。

4 左侧卧位睡眠

对于孕中期肚子越来越重的孕妈妈来说，翻身困难造成彻夜难眠的情况时有发生。因此，睡姿也是孕妈妈要格外注意的。左侧卧位睡姿有利于胎宝宝更好地获取氧气和营养物质，排出二氧化碳及废物，同时可以避免子宫对下腔静脉的压迫，减少孕妈妈肢体水肿。所以，妊娠期间的睡姿，尤其是妊娠晚期的睡姿最好采取左侧卧位。如果孕妈妈不习惯同一种睡姿，左右侧卧和仰卧交替时，尽量缩短仰卧和右卧的时间。

5 不宜吃皮蛋

孕妈妈的血铅水平高，可直接影响胎宝宝的正常发育，甚至造成先天性弱智或畸形，所以一定要注意食品安全。皮蛋及罐头食品等都含有铅，孕妈妈尽量不要食用。

6 不宜拒绝摄入脂肪

胎宝宝的大脑发育继续加强，已经开始划分专门区域，嗅觉、听觉以及触觉也都开始发育。脂肪的摄取对于促进胎宝宝脑和神经的发育非常重要。因此，孕妈妈不能因为怕胖而拒绝脂肪的摄入。

7 不宜多服鱼肝油

鱼肝油的主要成分是维生素A和维生素D，孕期适量补充鱼肝油，有利于孕妈妈健康和胎宝宝发育，同时也有益于孕妈妈对钙的吸收。但人体所需维生素A和维生素D的量极低，日常饮食已足够满足需要。若长期大量服用鱼肝油，会引起食欲减退、皮肤发痒、血中凝血酶原不足以及维生素C代谢障碍等。因此，孕妈妈应在医生的指导下服用鱼肝油，不可过量补充。

烹饪猪肝不宜一味求嫩，彻底煮熟才能有效杀菌，加入青椒同炒，帮助消化的同时，补充维生素C。

鱼香肝片

忌吃 还想吃 正确服用鱼肝油

● 不宜随便服用，应征询医生意见，按医嘱服用。

● 若确实需要服用鱼肝油，可以减少分量和次数，每日3次、每次2粒改为2天1次、每次2粒。

每天营养餐单

为了有效吸收所摄入的各种营养素，孕妈妈切不可小看了膳食纤维，有了它，血糖会乖乖地待在理想的位置上，消化系统会处于健康的状态。

橘子富含可溶性膳食纤维，以鲜食为主，也可用来制作羹和饮品。

每天 3 份蔬菜 +2 份水果

孕期膳食纤维每日推荐量为 20~30 克，按日常饮食，建议孕妈妈每天至少吃 3 份蔬菜以及 2 份水果(相当于 500 克蔬菜、250 克水果)，超重或有便秘症状的孕妈妈则应摄入 30~35 克。

按溶解度，膳食纤维可分为不可溶性膳食纤维和可溶性膳食纤维。前者主要存在于麦麸、坚果、蔬菜(如芹菜)中，口感较粗糙，可以改善大肠功能；而后者在豆类、胡萝卜、橘子中含量丰富，口感较细腻，有利于餐后血糖平稳。

科学食谱推荐

星期	早餐（二选一）		加餐
一	全麦面包 牛奶	时蔬蛋饼 牛奶	腰果
二	花生紫米粥 鸡蛋	芝麻烧饼 豆浆	牛奶
三	牛奶核桃粥 蒸玉米	三鲜馄饨 鸡蛋	粗粮饼干 酸奶
四	胡萝卜小米粥 家常鸡蛋饼	花卷 鸡蛋 豆浆	牛奶燕麦片
五	椰味红薯粥 豆包	莲子芋头粥 鸡蛋	芝麻糊
六	全麦面包 水果拌酸奶	小米粥 花卷	百合莲子桂花饮
日	豆腐脑 菜包	叉烧芋头饭 海带汤	水果沙拉

本周食材购买清单

肉类：排骨、牛肉、鸡肉、鲫鱼、虾、猪肉、鳕鱼、三文鱼、鲈鱼、叉烧等。

蔬菜：香菇、番茄、菜花、圆白菜、油菜、山药、西葫芦、扁豆、秋葵、莲藕、西葫芦、口蘑等。

水果：火龙果、香蕉、草莓、哈密瓜、橘子等。

其他：玉米粒、鸡蛋、豌豆、腰果、豆腐、花生、核桃、芝麻、蚕豆、燕麦、板栗、银耳、芋头等。

中餐（二选一）		晚餐（二选一）		加餐
米饭 香菇豆腐 排骨玉米汤	米饭 番茄炖牛肉 紫菜蛋汤	西葫芦饼 清蒸鲈鱼 番茄炖豆腐	米饭 土豆牛肉 炒菜花	水果拌酸奶
米饭 香菇油菜 鲫鱼汤	米饭 下饭蒜焖鸡 糖醋莲藕片片	青菜面 酱牛肉 芝麻圆白菜	米饭 凉拌素什锦 番茄鸡片	火龙果
米饭 青椒土豆丝 牛蒡炒肉丝	米饭 京酱西葫芦 排骨玉米汤	米饭 胡萝卜炖肉 冬笋拌豆芽	豆角肉丁面 宫保鸡丁	榛子 香蕉
米饭 家常豆腐 炖排骨	米饭 秋葵拌鸡肉 香菇油菜	米饭 干烧黄花鱼 清炒蚕豆	什锦面 茄汁大虾	开心果 草莓
米饭 糖醋圆白菜 鱼头木耳汤	米饭 凉拌素什锦 山药炒扁豆	米饭 芹菜炒百合 鸡脯扒油菜	馒头 京酱西葫芦 小米蒸排骨	水果拌酸奶
米饭 鲜蘑炒豌豆 鹌鹑蛋烧肉	米饭 清蒸排骨 糖醋莲藕片片	紫菜包饭 柠檬煎鳕鱼 番茄培根香菇汤	豆角焖米饭 鱼香茭白	西米火龙果
米饭 素什锦 山药五彩虾仁	西蓝花培根意面 香煎三文鱼	米饭 香菇油菜 甜椒炒牛肉	百合粥 什锦烧豆腐 豆角小炒肉	板栗

孕 17 周 孕妈妈容易疲累，胎宝宝非常活跃　117

早餐 叉烧芋头饭

原料：米饭 200 克，芋头 3 个，叉烧 50 克，葱花、植物油各适量。

做法：❶芋头洗净，切丁；叉烧切丁。❷米饭打散蒸熟；芋头丁蒸熟；油锅烧热，煸香葱花，放入叉烧翻炒。❸将芋头和叉烧放入米饭中，搅拌均匀即可。

中餐 山药炒扁豆

原料：山药、扁豆各 200 克，葱花、姜片、盐、植物油各适量。

做法：❶山药洗净，去皮，切片；扁豆洗净。❷油锅烧热，放入葱花、姜片炒香，加山药片和扁豆同炒，加盐调味即可。

晚餐 茄汁大虾

原料：大虾 400 克，番茄酱 30 克，盐、白糖、面粉、水淀粉、植物油各适量。

做法：❶大虾洗净去须，用盐腌一会儿，再用面粉抓匀。❷油锅烧热，大虾用中火煎至金黄，捞起。❸锅内留底油，放入番茄酱、白糖、盐、水淀粉和少量水烧成稠汁，把大虾倒入，翻炒片刻即可。

一日三餐举例

茄汁大虾

叉烧芋头饭

山药炒扁豆

西葫芦饼

牛奶核桃粥

秋葵拌鸡肉

早餐 牛奶核桃粥

原料：粳米 50 克，核桃仁 3 颗，牛奶 150 毫升，白糖适量。

做法： ❶粳米淘洗干净，加入适量水，放入核桃仁，大火烧开后转中火熬煮30分钟。❷倒入牛奶，煮沸后调入白糖即可。

中餐 秋葵拌鸡肉

原料：秋葵 5 根，鸡胸肉 100 克，小番茄 5 个，柠檬半个，盐、橄榄油各适量。

做法： ❶洗净秋葵、鸡胸肉和小番茄。❷秋葵放入滚水中氽烫 2 分钟，捞出后放凉水中浸凉；鸡胸肉放入滚水中煮熟，捞出沥干水分。❸小番茄对半切开；秋葵去蒂，切成 1 厘米的小段；鸡胸肉切成 1 厘米见方的块；将橄榄油、盐放入小碗中，挤入几滴柠檬汁，搅拌均匀成调味汁。❹切好的秋葵、鸡胸肉和小番茄放入盘中，淋上调味汁即可。

晚餐 西葫芦饼

原料：西葫芦 1 个，面粉 200 克，鸡蛋 2 个，盐、植物油各适量。

做法： ❶鸡蛋打散，加盐调味；西葫芦洗净，切丝。❷将西葫芦丝放进蛋液里，加面粉搅拌均匀，如果面糊稀了就加适量面粉，如果稠了就加一个鸡蛋。❸油锅烧热，将面糊放进去，煎至两面金黄盛盘即可。

孕 18 周

孕妈妈食欲大增，胎宝宝胎动明显

现在，大多数孕妈妈都会感觉到自己食欲大增，吃饭特别有胃口。但孕妈妈一定要记住科学安排饮食，全面摄取营养。

这一时期的胎宝宝大概有 14 厘米长，体重约 180 克，孕妈妈能明显感觉到胎动。

本周宜忌

1 要多吃含钙的食物

现在正是胎宝宝长牙根的时期，孕妈妈要多吃含钙的食物，让胎宝宝长出一口坚固的牙根。富含钙质的食物有牛奶、虾皮、鸡蛋、豆制品等。

2 补硒提上日程

随着胎宝宝心脏跳动得越来越有力，孕妈妈每天需要补充 50 微克硒，来保护胎宝宝心血管和大脑的发育。一般来说，2 个鸡蛋能提供 46.6 微克的硒，2 个鸭蛋则能提供 61.4 微克的硒。

3 要吃益脑的食物

未来宝宝是否聪明的先决条件之一，取决于胎宝宝时期大脑的发育情况，而现在胎宝宝脑部物质的形成变得越来越复杂。因此，孕妈妈要多吃对胎宝宝大脑有益的食物，如鱼、蛋黄、香蕉、圆白菜、海带、核桃等。

4 宜睡午觉

孕中期，疲倦来袭，利用午休的时间，睡个舒适的午觉吧。孕妈妈可以自备一个折叠床，中午睡觉时铺开，不用时就收起来。或者，带个褥子铺在椅子（沙发）上，然后用靠垫当枕头。最好再准备一个眼罩或耳塞，用来降低亮度和噪声，会使你更快地入睡。

5 不宜经常擤鼻涕

怀孕期间，体内会分泌大量的孕激素，使得血管扩张充血，鼻腔黏膜血管壁比较薄，所以容易破裂引起鼻出血。不要经常擤鼻涕，也不要挖鼻孔，避免因损伤鼻黏膜而出血。每天用手轻轻按摩鼻部和脸部1~2次，促进局部的血液循环与营养的供应。若发现流鼻血，不要紧张，可走到阴凉处坐下或躺下，抬头，用手捏住鼻子，然后将纸巾塞入鼻孔内。此外，少吃辛辣的食物，多吃含有维生素C、维生素E的食物，可以巩固血管壁、增强血管的弹性，防止破裂出血的情况发生。

6 不宜多吃薏米

薏米的营养价值很高，对于久病体虚、病后恢复期患者、老人、儿童和孕妇来说都是比较好的药用食物。但是薏米性寒，孕妈妈过量食用的话，容易对胎宝宝的生长发育产生不良影响，严重的还会导致流产，所以孕妈妈不宜多吃薏米。但薏米有助产的作用，孕妈妈可以在分娩前适量吃一些。

7 不宜多吃红枣

红枣可以每天都吃，但是不能吃得过多，5颗即可，否则会给消化系统造成负担，引起胃酸过多、腹胀等症状。如果不注意口腔清洁，吃太多红枣还容易引起蛀牙。另外，湿热重、舌苔黄的孕妈妈不宜吃红枣。

泡涨的红枣入粥煮透后，微微破皮流出的甜汁是天然的调味品。

南瓜红枣粥

忌吃 还想吃 红枣的吃法有讲究

● 红枣可煮、可蒸、可生食、可制甜羹，若是孕期用红枣进补，水煮最好，这样不会改变药效，也可避免生吃引起腹泻。

● 生食红枣，一定要洗干净，否则表面可能会残留农药。

● 孕期水肿的孕妈妈不宜吃红枣，因为红枣味甜，多吃容易生痰生湿，加重水肿。

每天营养餐单

α－亚麻酸为人体必需脂肪酸，是组成大脑细胞和视网膜细胞的重要物质，为促进胎宝宝脑细胞的生长发育，孕妈妈不可忽视 α－亚麻酸的补充。

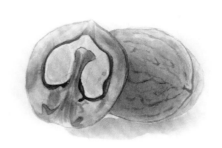

孕妈妈用亚麻籽油炒菜或者每天吃几个核桃，都可以补充 α－亚麻酸。

急需补充 α－亚麻酸

如果把各类营养物质比作木板，它们共同组成一个木桶，那么，对所有人而言，α－亚麻酸将是最短的一块板，它的高度直接决定健康和营养的水平。它是人体普遍缺乏、急需补充的一种必需营养素。孕期 α－亚麻酸每日推荐量为约 1400 毫克。

亚麻籽油是从亚麻的种子中提取的油类，其中富含超过 50% 的 α－亚麻酸。含 α－亚麻酸多的食物还包括：核桃，深海鱼虾类，如石斑鱼、左口鱼、三文鱼、海虾等。孕妈妈用亚麻籽油炒菜或者每天吃几个核桃，都可以补充 α－亚麻酸。

科学食谱推荐

星期	早餐（二选一）		加餐
一	素包 鸡蛋 豆浆	豆腐脑 鸡蛋	粗粮饼干
二	牛奶红枣粥 鸡蛋	花卷 苹果玉米羹	开心果 草莓
三	牛奶核桃粥 西葫芦饼	青菜面 豆包	粗粮饼干 酸奶
四	全麦面包 牛奶 蔬菜沙拉	芹菜豆干粥 鸡蛋	苹果
五	花卷 鸡蛋 豆浆	三鲜馄饨 鸡蛋	牛奶燕麦片
六	小米红枣粥 土豆饼 鸡蛋	煎蛋吐司 猕猴桃汁	红豆西米露
日	什锦面 板栗糕	全麦面包 水果拌酸奶	橘瓣银耳羹

本周食材购买清单

肉类：牛肉、猪肉、黄花鱼、鸡肉、三文鱼、带鱼、虾仁等。

蔬菜：胡萝卜、扁豆、菜花、香菇、荠菜、青菜、芹菜、菠菜、西蓝花、木耳、
番茄、南瓜、茄子等。

水果：草莓、苹果、葡萄、火龙果、橘子等。

其他：海带、鸡蛋、黄豆、百合、糯米、核桃、玉米粒、银耳、开心果、燕麦、
南豆腐、豆腐干等。

中餐（二选一）		晚餐（二选一）		加餐
米饭 百合炒牛肉 海带豆腐汤	米饭 猪肉焖扁豆 香菇炒菜花	荠菜黄花鱼卷 什锦西蓝花	木耳炒面 青菜蛋汤	水果拌酸奶
米饭 蒜蓉空心菜 排骨豆芽汤	米饭 油焖茄条 时蔬鱼丸	香菇鸡汤面 鲜蘑炒豌豆	米饭 虾仁腰果炒黄瓜 糖醋莲藕片片	全麦面包
米饭 菠菜鸡煲 番茄炒鸡蛋	米饭 鸡脯扒油菜 紫菜汤	米饭 香菇油菜 鲫鱼丝瓜汤	胡萝卜小米粥 南瓜蒸肉	葡萄
米饭 干烧黄花鱼 宫保素三丁	米饭 番茄炖豆腐 三丝木耳	平菇小米粥 海带烧黄豆	米饭 口水杏鲍菇 小米蒸排骨	紫菜包饭
米饭 什锦西蓝花 五香带鱼	米饭 南瓜蒸肉 板栗扒白菜	米饭 蘸酱菜 煎酿豆腐	排骨汤面 油焖茄条	火龙果
米饭 香煎三文鱼 圆白菜牛奶羹	米饭 番茄鸡片 香菇油菜	雪菜肉丝汤面 凉拌素什锦	牛肉焖饭 白萝卜海带汤	草莓酸奶布丁
咸蛋黄烩饭 紫菜汤	什锦饭 肉蛋羹	百合粥 香菇豆腐塔	米饭 珊瑚白菜 五香带鱼	红豆西米露

孕 18 周 孕妈妈食欲大增，胎宝宝胎动明显 123

煎蛋吐司

三丝木耳

煎酿豆腐

早餐 煎蛋吐司

原料: 吐司 1 片,鸡蛋 1 个,香肠、盐、胡椒粉、植物油各适量。

做法: ❶借助工具在吐司中挖一个洞;香肠切丁。❷平底锅抹油,小火加热,放入吐司,鸡蛋磕入吐司中,撒上香肠。❸盖上锅盖至鸡蛋凝固,撒上盐、胡椒粉即可。

中餐 三丝木耳

原料: 猪瘦肉 150 克,木耳 30 克,甜椒、蒜末、盐、酱油、干淀粉、植物油各适量。

做法: ❶木耳泡发好,洗净,切丝;甜椒洗净,切丝。❷猪瘦肉洗净切丝,加入酱油、干淀粉腌 15 分钟。❸油锅烧热,用蒜末炝锅,放入猪瘦肉丝翻炒,再将木耳、甜椒放入炒熟,加盐调味即可。

晚餐 煎酿豆腐

原料: 南豆腐 200 克,猪肉(三成肥七成瘦)100 克,香菇、虾仁、姜末、葱花、生抽、盐、白糖、白胡椒粉、蚝油、水淀粉、植物油各适量。

做法: ❶香菇、虾仁分别切末;猪肉洗净剁碎,加香菇、虾仁、姜末、生抽、盐、白糖、白胡椒粉拌成馅;南豆腐切厚块,从中间挖长条形坑,填入调好的馅。❷油锅烧热,盛肉馅豆腐面朝下,煎至金黄色,翻面。❸加入蚝油、生抽、白糖、清水,小火炖煮 2 分钟,取出豆腐摆盘。❹剩余汤汁加水淀粉勾芡,收汁,淋在豆腐上,撒上葱花即可。

早餐 芹菜豆干粥

原料： 糯米、芹菜、豆腐干各50克，盐、香油各适量。

做法： ❶芹菜择洗干净，切丁；豆腐干洗净，切丁。❷糯米洗净，放入锅中，加适量清水煮20分钟。❸放入芹菜、豆腐干煮熟，加盐调味，淋入香油。

中餐 菠菜鸡煲

原料： 鸡肉200克，菠菜100克，香菇3朵，冬笋、料酒、盐、植物油各适量。

做法： ❶鸡肉洗净，剁成小块；菠菜择洗干净，焯烫；香菇洗净，切块；冬笋洗净，切条。❷油锅烧热，下鸡肉块、香菇翻炒，放冬笋、料酒、盐，炒至鸡肉块熟烂。❸菠菜放在砂锅中铺底，将炒熟的鸡肉块、香菇和冬笋倒入即可。

晚餐 口水杏鲍菇

原料： 杏鲍菇2根，蒜2瓣，葱3根，甜椒3个，熟芝麻、辣椒油、芝麻酱、酱油、白糖、盐各适量。

做法： ❶杏鲍菇洗净，切片，放入沸水中焯一会儿，之后用盐腌制入味；蒜切成蒜泥；葱切葱花；甜椒切碎。❷芝麻酱加入适量水调匀，放入酱油、白糖、盐、蒜泥、甜椒碎搅拌均匀，最后加入适量辣椒油，制成酱料。❸煮熟杏鲍菇片，沥干水分，加入酱料、葱花和熟芝麻即可。

菠菜鸡煲

口水杏鲍菇

芹菜豆干粥

孕 19 周

孕妈妈行动缓慢，胎宝宝和香瓜一样大

随着肚子越来越大，孕妈妈开始觉得行动不方便了，渐趋频繁的胎动也可能会让孕妈妈夜晚无法入睡。

本周胎宝宝身长大约有 15 厘米，体重约 220 克，和香瓜一样大，交叉腿、屈体、后仰、踢腿、伸腰和滚动，样样精通。

本周宜忌

1 搭配青椒吃鱿鱼

鱿鱼富含蛋白质、DHA 和多种矿物质，可以促进胎宝宝的大脑发育，对母乳的分泌也有一定的促进作用，孕妈妈可适量吃些鱿鱼。但鱿鱼不易消化，而青椒含有膳食纤维，并富含鱿鱼缺少的多种营养素，搭配食用，可帮助消化、均衡营养。此外，鱿鱼与木耳搭配，也是不错的选择。

2 要常吃菜花

菜花含有抗氧化防癌症的微量元素，且含有大量的维生素 K，它是血液正常凝固所需的重要维生素。菜花富含的维生素 C，可帮助孕妈妈增强肝脏解毒能力，提高机体的免疫力，并可预防感冒和坏血病的发生。另外，用菜花叶榨汁，煮沸后加入蜂蜜制成糖浆，有止血止咳、消炎祛痰之功效。

3 换换口味吃些野菜

大多数野菜富含植物蛋白、维生素、膳食纤维及多种矿物质，营养价值高，而且污染少。孕妈妈适当吃野菜，不仅可以换一换口味，预防便秘，还可以预防妊娠期糖尿病。

常见野菜有：蕨菜，可清热利尿、消肿止痛；香葱，可健胃祛痰；荠菜，可凉血止血、补脑明目、治水肿便血。孕妈妈应根据自身身体状况适量食用。

4 去掉戒指和镯子

孕妈妈在怀孕的时候，皮肤会变得松弛，血液循环也会出现变化，有时候甚至会出现水肿。这样一来，原本合适的戒指或者镯子就会变得紧箍了。如果孕妈妈不及时摘下来的话，长此以往，会造成血液循环不畅。

5 不宜吃过冷的食物

孕5月的胎宝宝感官知觉非常灵敏，对冷刺激也十分敏感。怀孕后孕妈妈的胃肠功能减弱，突然吃进很多冷食物，会使得胃肠血管突然收缩。并且，过冷的食物可能使孕妈妈出现腹泻、腹痛等症状。

6 不宜多吃火腿

火腿本身是腌制食品，含有大量的亚硝酸盐类物质，亚硝酸盐如果摄入过量，就会积蓄在体内不能及时代谢，这会对人体健康造成危害。孕妈妈多吃火腿，火腿里的亚硝酸盐还会进入胎宝宝体内，给胎宝宝的健康发育带来潜在危害。

7 不宜多吃盐

对于重口味的孕妈妈来说，饭菜少盐食不下咽，可孕妈妈要知道，饮食偏咸不仅会加重肾脏负担，还容易加重孕期水肿。但是孕妈妈的饮食也不是越清淡越好，太清淡了也不利于关键营养素的摄取，此时孕妈妈每天摄入6克盐比较适宜。

香菇有提味作用，"重口味"孕妈妈烹调菜肴时，不妨用香菇替代部分盐。

香菇青菜

忌吃 还想吃 "重口味" 孕妈妈怎么吃

● 饭菜做好后，在饭菜表面撒上一撮盐，控制盐量的同时，还让饭菜有滋有味。

● 海带、扇贝、香菇都是天然的调味剂，通过食物本身的香气烹饪美食，也是控制盐量的上佳选择。

● 辣椒、花椒、大料虽然也是盐的美味替代，但不适合孕妈妈食用，孕妈妈可不要为了口腹之欲，做掩耳盗铃之事哦。

每天营养餐单

孕妈妈对维生素 B_{12} 的所需量虽少，它却是人体重要的造血原料，因此孕妈妈可别忘记了补充维生素 B_{12}。

孕妈妈食用富含维生素 B_{12} 的猪肉，有利于胎宝宝的生长发育。

提高维生素 B_{12} 的吸收率

维生素 B_{12} 几乎只存在于动物食品中，其中肉和肉制品是主要来源，尤其是猪肉、牛肉、动物内脏（如鸡肝、猪肝、猪心、猪肠等）、海产品（如鱼、蛤蜊）等，牛奶、鸡蛋、干酪中含量也很丰富。如果孕妈妈偏爱素食，那一定要有意识地补充维生素 B_{12}。

孕期每日维生素 B_{12} 推荐量为 2.6 毫克，2 杯牛奶（500 毫升）就可以满足孕期一天的需要。孕妈妈在补充维生素 B_{12} 时应注意，维生素 B_{12} 很难直接被人体吸收，和叶酸、钙一起摄取可提升维生素 B_{12} 的吸收率。

科学食谱推荐

星期	早餐（二选一）		加餐
一	阳春面 鸡蛋	黑豆核桃粥 西葫芦饼	粗粮饼干 酸奶
二	时蔬蛋饼 牛奶	山药豆浆粥 烤馒头片 苹果	橘子 苏打饼干
三	小米山药粥 家常鸡蛋饼	紫菜包饭 酸奶	葡萄牛奶汁 松子
四	鲜肉馄饨 鸡蛋	肉蛋羹 花卷	全麦吐司 圣女果
五	素包 鸡蛋 豆浆	番茄面疙瘩 凉拌黄瓜	香蕉 开心果
六	鸡蛋紫菜饼 豆浆	鳗鱼手卷 蔬菜沙拉	牛奶木瓜炖雪梨
日	花生紫米粥 菜包	全麦面包 牛奶 樱桃	红枣银耳羹

本周食材购买清单

肉类：牛肉、鸡肉、虾仁、鸡肝、猪肉、排骨、鱿鱼、鸡翅、三文鱼等。

蔬菜：土豆、芹菜、西蓝花、山药、冬瓜、胡萝卜、茄子、豇豆、洋葱、金针菇、四季豆、茭白等。

水果：火龙果、苹果、橘子、橙子、葡萄、圣女果、香蕉、草莓、木瓜、雪梨等。

其他：核桃、鸡蛋、黑豆、百合、榛子、豆腐、玉米粒、海带、松子、银耳等。

中餐（二选一）		晚餐（二选一）		加餐
米饭 百合炒牛肉 番茄炖土豆	米饭 板栗烧仔鸡 芹菜牛肉	米饭 西蓝花炒虾仁 干贝冬瓜汤	米饭 豇豆炒猪肉 鱼香茭白	火龙果
米饭 胡萝卜炖牛肉 凉拌海带丝	米饭 木耳酱白菜 排骨玉米汤	米饭 家常豆腐 青椒炒猪肝	米饭 芹菜炒香干 青椒炒肉	榛子 橙子
米饭 时蔬拌蛋丝 瘦肉豆腐羹	米饭 清炒空心菜 芹菜牛肉末	瘦肉粥 芹菜炒胡萝卜	虾仁蛋炒饭 冬瓜排骨汤	全麦面包 牛奶
米饭 虾仁炒蛋 清蒸茄丝	米饭 蒜蓉油菜 鱼片豆腐羹	豆角肉丁面 凉拌海带丝	米饭 青椒炒牛肉 百合炒芹菜	水果拌酸奶
米饭 胡萝卜炖猪肉 木耳炒山药	米饭 鸡丝炒豇豆 胡萝卜汤	米饭 奶酪鸡翅 番茄培根香菇汤	米饭 干煎带鱼 凉拌番茄	粗粮饼干 酸奶
米饭 红烧鲫鱼 番茄豆腐汤	米饭 香煎三文鱼 醋熘白菜	米饭 京酱西葫芦 番茄鸡片	小米粥 土豆饼 蔬菜沙拉	核桃 草莓
海鲜炒饭 白菜豆腐羹	海鲜烩面 西蓝花炒肉	米饭 白菜炒肉 番茄牛肉汤	米饭 白灼金针菇 冬瓜豆腐汤	水果沙拉

孕 19 周 孕妈妈行动缓慢，胎宝宝和香瓜一样大　**129**

早餐 阳春面

原料： 面条 100 克，洋葱 1 个，葱花、蒜末、香油、盐、高汤、猪油各适量。

做法： ❶高汤烧开保温；洋葱去外皮，洗净切片。❷猪油在锅中溶化，然后放入洋葱片用小火煸出香味，变色后捞出，炸出葱油。❸在盛面的碗中放入 1 勺葱油，放入盐。❹把煮熟的面条挑入碗中，加入高汤，淋入香油，撒上葱花、蒜末即可。

中餐 百合炒牛肉

原料： 牛肉、百合各 150 克，甜椒片、盐、酱油、植物油各适量。

做法： ❶百合掰成小瓣，洗净；牛肉洗净，切成薄片放入碗中，用酱油抓匀，腌制 20 分钟。❷油锅烧热，倒入牛肉，大火快炒，马上加入甜椒片、百合翻炒至牛肉全部变色，加盐调味即可。

晚餐 白灼金针菇

原料： 金针菇 100 克，生抽、白糖、葱花、植物油各适量。

做法： ❶金针菇去根洗净，入沸水焯烫 1 分钟，捞出，沥干，装盘。❷生抽加白糖搅拌均匀，浇在金针菇上，并撒上葱花。❸油锅烧热，热油淋在葱花上即可。

一日三餐举例

百合炒牛肉

白灼金针菇

阳春面

时蔬蛋饼

香煎三文鱼

鱼香茭白

早餐 时蔬蛋饼

原料： 鸡蛋 2 个，胡萝卜、四季豆各 50 克，香菇、盐、植物油各适量。

做法： ❶四季豆择洗干净，入沸水焯熟，沥干剁碎；胡萝卜洗净去皮，剁碎；香菇洗净，剁碎。❷鸡蛋打入碗中，加入胡萝卜、香菇、四季豆、盐，打匀。❸油锅烧热，倒入蛋液，在半熟状态下卷起，切成小段即可。

中餐 香煎三文鱼

原料： 三文鱼 350 克，葱末、姜末、盐、植物油各适量。

做法： ❶三文鱼处理干净，用葱末、姜末、盐腌制。❷平底锅烧热，倒入油，放入腌入味的三文鱼，两面煎熟即可。

晚餐 鱼香茭白

原料： 茭白 4 根，料酒、醋、水淀粉、酱油、姜丝、葱花、植物油各适量。

做法： ❶茭白去外皮，洗净，切块；料酒、醋、水淀粉、酱油、姜丝、葱花调和成鱼香汁。❷油锅烧热，下茭白炸至表面微微焦黄，捞出沥干。❸油锅留少量油，下茭白、鱼香汁翻炒均匀，收汁即可。

孕20周
孕妈妈感到胎动，胎宝宝感官发育

孕妈妈能够明显感觉胎宝宝在腹中做滚、蹬、踢的动作，有时，因为胎动强烈甚至会影响睡眠。

从这周起，小家伙的感觉器官进入发育的关键时期，大脑开始划分专门的区域进行嗅觉、味觉、听觉、视觉以及触觉发育。

本周宜忌

1 要常吃莴笋

莴笋是一种低热量、高营养价值的蔬菜，它含蛋白质、碳水化合物、β-胡萝卜素、B族维生素、维生素C以及钙、磷、铁等矿物质。莴笋中还含有天然的叶酸，孕妈妈多吃莴笋有助于胎宝宝正常发育，可以减少胎宝宝发生神经管畸形的危险。

2 每周吃点山药

山药含有黏蛋白、淀粉酶、皂苷、游离氨基酸、多酚氧化酶等物质，且含量较为丰富，具有滋补作用。山药能增强免疫功能，对细胞免疫和体液免疫都有促进作用。每周吃点山药，补气健脾，让孕妈妈有个好胃口，也可以促进胎宝宝的生长发育。

3 素食孕妈妈补充牛黄酸

牛黄酸与胎宝宝的中枢神经及视网膜的发育有密切的关系。一般情况下，正常的食物摄入基本上可以满足人体对牛黄酸的需要。但是喜爱素食的孕妈妈要注意，因为牛黄酸多分布在动物性食物中，所以要根据所需，并听从医嘱服用牛黄酸强化型的饮品、胶囊等。孕期牛黄酸每日需20毫克，鱼类、肉类中都含有丰富的牛黄酸。

4 每周测量1次宫高

孕妈妈每周要在家自测1次宫高，若连续两三周宫底高度无变化，或宫高明显低于怀孕月份，应及时到医院检查。如果过多高于怀孕月份，也应到医院检查，以排除羊水过多等原因。

5 洗澡水温不宜超过38℃

由于孕妈妈肚皮在增大，皮肤会变得薄且脆弱，会导致皮肤瘙痒，特别是在冬天。孕妈妈加强清洁、保持湿润，能有效缓解皮肤干燥和瘙痒。但是，洗澡、洗脸时的水温最好不要超过38℃，水太热会洗掉皮肤的油脂，加剧皮肤干燥。洗完澡之后，可用孕妇专用的保湿乳液、橄榄油、维生素E软胶囊、婴儿乳液等来保湿。

6 不宜吃生蚝

很多孕妈妈在怀孕期间对炭烧生蚝青睐有加。但是生蚝里含有大量细菌，处理不干净容易引起病毒感染性腹泻。腹泻对孕妈妈来说是一个危险信号。因为腹泻也可能导致流产，建议孕妈妈怀孕期间不要吃生蚝。如果孕妈妈实在控制不了口腹之欲，要确保将它们做熟了再吃，最好少吃一点。

7 不宜多吃零食

有的孕妈妈喜欢吃零食，边看电视边吃东西，极易导致肥胖。适量吃零食是允许的，但最好选用一些水果、坚果，如核桃、花生、黑芝麻等食物。少吃高脂肪、高糖分、高热量的零食，如巧克力、炸薯条、重油蛋糕、奶油面包等，这些食物往往还含有人工色素等添加剂，不利于孕妈妈和胎宝宝的健康。

巧克力蛋糕的热量和糖分很高，孕妈妈不要多吃。

巧克力蛋糕

忌吃 还想吃 "馋嘴"孕妈妈怎么吃

● 选择低脂、低糖、低盐，不含太多防腐剂的小食，如麦片或麦片制成的饼干、全麦面包等。

● 选择热量较低的蔬菜水果做零食，既能缓解饥饿感，又可增加维生素和有机物。

每天营养餐单

现在，胎宝宝对钙的需求比孕早期更多。因此，孕妈妈要注意多吃诸如牛奶、虾等含钙量高的食物，以防误了最应该补钙的时期。

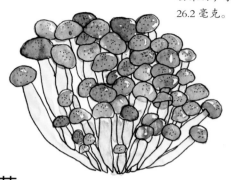

茶树菇是孕妈妈获取钙的重要食物来源，每100克干茶树菇含钙26.2毫克。

增加钙的摄入量

随着胎宝宝的成长，孕妈妈对钙的摄取也不断增多，孕中期每日1000毫克为宜。现在，孕妈妈应多吃含钙的食物，包括奶制品、鱼、虾、蛋黄、海藻、芝麻等，对于吃了足量乳类食物的孕妈妈，一般不需要额外补充钙。对于不常吃动物性食物和乳制品的孕妈妈，应根据需要补充钙，同时，还要注意补充维生素D，以保证钙的充分吸收和利用。

需要补充钙剂的孕妈妈，应在睡觉前、两餐之间补充。

科学食谱推荐

星期	早餐（二选一）		加餐
一	全麦面包 牛奶	红枣小米粥 鸡蛋	苹果
二	番茄鸡蛋面 土豆饼	香菇瘦肉粥 花卷	牛奶燕麦片
三	素蒸饺 鸡蛋 豆浆	芝麻汤圆 苹果	蛋卷
四	葡萄干苹果粥 鸡蛋	蛋炒饭 牛奶 凉拌番茄	全麦面包 牛奶
五	胡萝卜小米粥 豆包	三鲜馄饨 花卷	水果拌酸奶
六	小米粥 菜包 鸡蛋	全麦面包 水果酸奶 开心果	芒果西米露
日	什锦香菇饭 意式蔬菜汤	芝麻汤圆 牛奶	水果沙拉

本周食材购买清单

肉类：牛肉、鸡肉、虾仁、鸡肝、猪肉、排骨、鱿鱼、带鱼、黄花鱼、蛤蜊肉等。

蔬菜：土豆、青菜、芹菜、西蓝花、山药、冬瓜、胡萝卜、茄子、莴笋、西葫芦、
　　　香菇、扁豆、空心菜、杏鲍菇、茶树菇、金针菇等。

水果：火龙果、苹果、樱桃、橙子、芒果、香蕉、草莓等。

其他：核桃、鸡蛋、百合、榛子、豆腐、海带、玉米粒、松子、银耳、豌豆等。

中餐（二选一）		晚餐（二选一）		加餐
米饭 香菇豆腐 排骨玉米汤	米饭 京酱西葫芦 肉丝银芽汤	米饭 家常焖鳜鱼 木耳炒山药	土豆饼 番茄炖豆腐 红烧排骨	芝麻糊
虾仁炒饭 番茄炖牛肉 紫菜汤	米饭 牛蒡炒肉丝 木耳炒鸡蛋	青菜面 酱牛肉 芝麻圆白菜	胡萝卜小米粥 南瓜蒸肉	榛子 草莓
米饭 青椒炒鸡肝 莴笋炒蛋	米饭 香菇油菜 红烧带鱼	米饭 胡萝卜炖牛肉 番茄炒鸡蛋	玉米胡萝卜粥 鸡脯扒油菜	粗粮饼干 香蕉
西葫芦饼 家常豆腐 小米蒸排骨	米饭 百合炒牛肉 西蓝花烧双菇	豆角焖米饭 宫保素三丁 冬瓜蛤蜊汤	米饭 油焖茄条 时蔬鱼丸	火龙果
米饭 双椒里脊丝 番茄炒山药	米饭 糖醋白菜 豌豆炒虾仁	米饭 凉拌素什锦 猪肉焖扁豆	米饭 芹菜炒百合 干烧黄花鱼	开心果 橙子
米饭 红烧茄子 鲫鱼豆腐汤	米饭 清蒸排骨 糖醋莲藕片片	雪菜肉丝汤面 凉拌素什锦	米饭 杏鲍菇炒西蓝花 豌豆鸡丝	榛子 樱桃
米饭 凉拌海带丝 鸭肉冬瓜汤	牛肉焖饭 白萝卜海带汤	什锦面 五香带鱼 蒜蓉空心菜	玉米胡萝卜粥 茶树菇烧肉	百合莲子银耳羹

早餐 香菇瘦肉粥

原料： 粳米、小米、糙米各 30 克，猪瘦肉 50 克，香菇 3 朵，盐、植物油各适量。

做法： ❶将粳米、小米、糙米分别淘洗干净；猪瘦肉洗净，切丁；香菇洗净，去蒂，切丁。❷油锅烧热，倒入香菇爆香后加水煮开，加入洗净的粳米、小米、糙米、猪瘦肉丁，煮至小米开花。❸煮熟后加盐调味即可。

中餐 豌豆炒虾仁

原料： 虾仁 100 克，豌豆 50 克，盐、水淀粉、香油、植物油各适量。

做法： ❶豌豆洗净，放入开水锅中，用盐水焯一下。❷油锅烧热，将虾仁入锅，快速划散后倒入漏勺中控油。❸锅里留适量底油，放入豌豆翻炒，再加入盐和少量清水，随即放入虾仁，用水淀粉勾薄芡，将炒锅颠翻几下，淋上香油即可。

晚餐 杏鲍菇炒西蓝花

原料： 杏鲍菇 1 根，西蓝花 100 克，牛奶 250 毫升，植物油、干淀粉、盐、高汤各适量。

做法： ❶把西蓝花、杏鲍菇洗净，西蓝花切小朵，杏鲍菇切片。❷油锅烧热，倒入切好的菜翻炒，加盐、高汤调味，盛盘。❸煮牛奶，加一些高汤、干淀粉，熬成浓汁浇在菜上即可。

一日三餐举例

豌豆炒虾仁

香菇瘦肉粥

杏鲍菇炒西蓝花

双椒里脊丝

什锦香菇饭

冬瓜蛤蜊汤

早餐 什锦香菇饭

原料： 米饭1碗，香菇2朵，草菇2朵，金针菇1小把，杏鲍菇1个，海苔1片，洋葱、盐、高汤、植物油各适量。

做法： ❶香菇、草菇分别洗净，切片；金针菇洗净，切段；杏鲍菇、洋葱分别洗净，切粒；海苔切丝。❷油锅烧热，爆香洋葱粒，将切好的香菇、草菇、金针菇、杏鲍菇放入锅内炒出香味，加盐、高汤略煮。❸把炒好的香菇带汤汁加入米饭，拌匀，撒上海苔丝即可。

中餐 双椒里脊丝

原料： 里脊肉200克，青椒、红椒、干淀粉、盐、植物油各适量。

做法： ❶里脊肉洗净，切丝，加入干淀粉抓一下；青椒、红椒分别洗净，切丝。❷油锅烧热，加入里脊肉丝，炒至变色。❸再加入青椒丝、红椒丝炒熟，加盐调味。

晚餐 冬瓜蛤蜊汤

原料： 冬瓜100克，蛤蜊肉、青菜各50克，盐适量。

做法： ❶冬瓜洗净，去皮和瓤，切片；青菜洗净切段。❷锅内放入冬瓜，加适量清水煮沸。❸加入蛤蜊肉、青菜，煮熟后加盐调味即可。

孕21周

孕妈妈上楼会气喘，胎宝宝味蕾形成

现在，孕妈妈会感觉呼吸频率加快，特别是上楼梯的时候，走不了几步就气喘吁吁。

胎宝宝的身长可达18厘米左右，体重达到290克左右。小家伙的感觉器官发育日新月异，味蕾已经形成。

本周宜忌

1 喝低脂酸奶

益生菌是有益于孕妈妈身体健康的一种肠道细菌，而低脂酸奶的特点就是含有丰富的益生菌，而且脂肪含量低，孕妈妈不用担心喝了会增加太多体重。在酸奶的制作过程中，发酵能使奶质中的乳糖被分解成为小分子，孕妈妈饮用之后，营养素的利用率会非常高。

2 吃煮熟的扁豆

扁豆含有蛋白质、碳水化合物、钙、磷、铁、锌、B族维生素、维生素C、烟酸以及泛酸等，能增强孕妈妈的免疫力，而且对痢疾杆菌有抑制作用，对食物中毒引起的呕吐、急性肠胃炎等有解毒作用。但扁豆含有血球凝聚素，它是一种有害蛋白，遇高温可被破坏，所以食用扁豆时要充分加热。

3 不同味道的食物都要尝尝

现在，胎宝宝的味蕾已经形成，能够分辨出味道。本周，孕妈妈可以进行饮食胎教，促使胎宝宝味觉发育。孕妈妈可以将喜欢的、不喜欢的味道都尝一尝。吃甜香的东西，孕妈妈要细细品味；吃苦涩的东西，多想一想益处，比如苦瓜有降火的作用。如此表率，有利于宝宝出生后形成健康的饮食习惯。

4 防晒，不做"斑大王"

孕妈妈外出时，应该戴上帽子或者遮阳伞，防止阳光直接照射。为了减少黑色素细胞的活动，摄取足够的维生素C也很重要。孕妈妈可以多吃一些新鲜蔬菜和水果，水果中以橘子、草莓、猕猴桃等含量最高，蔬菜中以番茄、彩椒、豆芽含量最高。不过，孕妈妈千万不要为了美丽而使用美白产品。

5 不宜加热酸奶

酸奶中对人体有益的成分乳酸菌和其他大多数细菌一样很怕热，超过70℃就很可能被杀灭，而失去营养价值。因此，酸奶在食用前不要加温，这样既可保持其营养成分，又不失去其所特有的风味。如果天气过于寒冷，为了防止酸奶温度低带来的不适，可以把酸奶瓶放进温水温一温。但需注意的是，水温不宜超过人体体温，否则就会降低酸奶的营养价值。

6 不宜长期喝纯净水

水虽然不是每天所需矿物质和微量元素的全部或主要来源，但却是重要来源之一。由于纯净水几乎不含任何矿物质，如果长期饮用，就可能从某种程度上造成微量元素的不足。而普通天然矿泉水中含有多种矿物质和微量元素，如钾、钠、钙、镁、铁、锌、硒、碘等，有些矿泉水还含有较高的特殊微量元素，如锶、锂、溴等。所以，孕妈妈应当适量饮用矿泉水，避免长期单一饮用纯净水。

7 不宜吃久放的土豆

土豆本身含有生物碱，存放越久的土豆生物碱含量就越高。而且，土豆存放久了就会生长出土豆芽，这表明土豆中存在的龙葵碱超标了，吃得过多可能影响胎宝宝的正常发育，甚至导致畸形。即使将土豆的芽去掉、削去土豆皮，也并不能将毒素完全去除。所以，孕妈妈不宜吃久放的土豆。

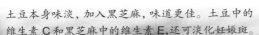

土豆本身味淡，加入黑芝麻，味道更佳。土豆中的维生素 C 和黑芝麻中的维生素 E，还可淡化妊娠斑。

孜然土豆丁

忌吃 还想吃 健康喝水有讲究

● 不要喝久沸或反复煮沸的开水、没有烧开的自来水、保温杯沏的茶水以及热水瓶中贮存超过 24 小时的开水。

● 清晨起床后空腹喝一杯新鲜的凉开水，不仅能及时补充水分，对人体还有"内洗涤"作用。

● 切忌口渴才喝水，每隔一段时间要补充体内水分，孕期每天喝水在 1000~1500 毫升为宜。

每天营养餐单

孕妈妈、胎宝宝所需营养都在猛增，有些孕妈妈开始出现贫血症状，因此需要摄入比孕早期更多的铁，达到每日 24~29 毫克。

樱桃所含的铁可促进血红蛋白再生，防治缺铁性贫血。

需要摄入更多的铁

孕妈妈要多吃些含铁量高的食物，如瘦肉、鱼、动物血、菠菜等，如有必要，可遵医嘱服用铁剂。为了更有效地补铁，孕妈妈还需要了解些关于补铁的小知识。

人体对瘦肉和动物血中铁的吸收率较高，约有 20%。此外，动物性食物中的铁还有助于植物性食物中铁的吸收。单独吃玉米，铁的吸收率只有 2%，而与牛肉共食，铁吸收率就能达到 8%。孕妈妈多吃瘦肉、动物血，不仅能补充大量的铁，还能补充必需的动物蛋白质，从而在较短时间内提高孕妈妈的血红蛋白水平，改善或防止贫血。

科学食谱推荐

星期	早餐（二选一）		加餐
一	家常鸡蛋饼 牛奶	葡萄干苹果粥 鸡蛋	粗粮饼干 酸奶
二	素包 鸡蛋 牛奶	全麦面包 牛奶	蛋卷 樱桃
三	芝麻糊 蔬菜沙拉	玉米胡萝卜粥 鸡蛋	苹果
四	燕麦南瓜粥 豆包 鸡蛋	蛋炒饭 奶汁烩生菜	榛子 草莓
五	鸡丝麻酱荞麦面 南瓜饼	火腿奶酪三明治 苹果	酸奶草莓露
六	素蒸饺 豆浆	芹菜虾皮燕麦粥 牛奶	水果酸奶 全麦吐司
日	芝麻烧饼 豆浆 苹果	燕麦南瓜粥 豆包 鸡蛋	奶炖木瓜雪梨

本周食材购买清单

肉类：鸡肉、黄花鱼、盐水鸭、猪肉、鱿鱼、牛肉、猪血、猪肝、海参等。

蔬菜：菠菜、茄子、番茄、香菇、油菜、扁豆、木耳、菜花、茼蒿、芹菜、土豆、莴笋、山药、胡萝卜、生菜、西蓝花、丝瓜、金针菇等。

水果：苹果、香蕉、哈密瓜、草莓、火龙果、木瓜、雪梨、樱桃等。

其他：鸡蛋、板栗、豆腐、豌豆、玉米粒、榛子、红枣、枸杞子、开心果、燕麦等。

中餐（二选一）		晚餐（二选一）		加餐
米饭 板栗烧鸡 清蒸茄丝	米饭 鲜蘑炒豌豆 干烧黄花鱼	番茄鸡蛋面 香菇油菜 盐水鸭	米饭 猪肉焖扁豆 木耳炒菜花	芝麻糊
海带焖饭 鱿鱼炒茼蒿 青椒土豆丝	米饭 香菇青菜 海参豆腐煲	米饭 猪肉焖扁豆 莴笋炒山药	杂粮蔬菜瘦肉粥 菠菜炒鸡蛋	香蕉哈密瓜沙拉
米饭 糖醋圆白菜 黄花鱼炖茄子	米饭 奶油烩生菜 香豉牛肉片	米饭 椒盐玉米 小米蒸排骨	豆角肉丁面 宫保素三丁	全麦面包 牛奶
米饭 京酱西葫芦 猪肝拌黄瓜	馒头 干煎带鱼 凉拌番茄	米饭 芹菜炒百合 胡萝卜炒肉丝	土豆饼 青椒炒肉丝 蛋花汤	苏打饼干
米饭 清炒空心菜 排骨玉米汤	米饭 炒豆芽 鸭块白菜	番茄面片汤 西蓝花烧双菇	米饭 丝瓜金针菇 菠菜蛋花汤	板栗糕 红枣枸杞饮
米饭 松子爆鸡丁 什锦西蓝花	米饭 里脊肉炒芦笋 蒜香黄豆芽	百合粥 青椒炒猪肝 番茄炒鸡蛋	米饭 土豆烧牛肉 猪血豆腐汤	开心果 火龙果西米露
米饭 豌豆泥 丝瓜蛋汤	胡萝卜小米粥 烤土豆 清蒸鲈鱼	米饭 松子青豆炒玉米 肉片炒木耳	玉米胡萝卜粥 牛肉饼 青椒土豆丝	紫菜包饭

莴笋炒山药

鸡丝麻酱荞麦面

黄花鱼炖茄子

早餐 鸡丝麻酱荞麦面

原料： 熟鸡胸肉 100 克，荞麦面条 80 克，芝麻酱、盐各适量。

做法： ❶荞麦面条煮熟过凉，沥干水分放入盘中。❷芝麻酱加入盐、凉开水朝一个方向搅拌开，淋在面上。❸熟鸡胸肉撕成丝，与面拌匀即可。

中餐 黄花鱼炖茄子

原料： 黄花鱼 1 条，茄子 1 根，葱段、姜丝、白糖、豆瓣酱、盐、植物油各适量。

做法： ❶黄花鱼处理干净；茄子洗净，切条。❷油锅烧热，下葱段、姜丝炝锅，然后放豆瓣酱、白糖翻炒。❸加适量水，放入茄子和黄花鱼，炖熟后，加盐调味即可。

晚餐 莴笋炒山药

原料： 莴笋、山药各 200 克，胡萝卜半根，盐、胡椒粉、白醋、植物油各适量。

做法： ❶莴笋、山药、胡萝卜分别洗净，去皮，切长条，焯水，沥干。❷油锅烧热，放入处理好的食材翻炒，加入胡椒粉、白醋翻炒均匀，加入盐调味即可。

早餐 芹菜虾皮燕麦粥

原料： 虾皮、芹菜、燕麦各 50 克,,盐适量。

做法： ❶芹菜洗净后切丁；燕麦洗净，浸泡。❷锅置火上，放入燕麦和适量水，大火烧沸后改小火，放入虾皮。❸待粥煮熟时，放入芹菜丁，略煮片刻后加盐调味即可。

中餐 海参豆腐煲

原料： 海参 2 只，肉末 80 克，豆腐 1 块，胡萝卜片、葱段、酱油、姜片、盐、料酒各适量。

做法： ❶海参处理干净，清水泡发，以沸水加料酒和姜片焯烫后，切寸段；肉末加盐、酱油、料酒做成丸子；豆腐切块。❷海参放进锅内，加适量清水，放葱段、姜片、盐、料酒煮沸，加入丸子和豆腐，与海参一起煮至入味，最后加胡萝卜片稍煮。

晚餐 丝瓜金针菇

原料： 丝瓜 150 克，金针菇 100 克，盐、水淀粉、植物油各适量。

做法： ❶丝瓜洗净，去皮切条。❷金针菇洗净，放入沸水中略焯。❸油锅烧热，放入丝瓜条翻炒，再放金针菇拌炒，熟后用盐调味，用水淀粉勾芡即可。

丝瓜金针菇

芹菜虾皮燕麦粥

海参豆腐煲

孕22周

孕妈妈行动迟缓，胎宝宝长出指甲

孕妈妈不必对妊娠纹和变胖的体态过于忧虑，只要孕期注意控制体重、产后及时进行恢复训练，都能够恢复得很好。

本周，胎宝宝身长约19厘米，体重约350克。胎宝宝的手指已经长出了娇嫩的小指甲，眼睛也有了微弱的视力。

本周宜忌

1 常吃香油增进食欲

香油中含有丰富的不饱和脂肪酸和维生素E，可以促进细胞分裂、延缓衰老、促进胆固醇的代谢，并且有助于消除动脉血管壁上的沉积物，同时还有助于防止便秘，孕妈妈可以常吃。用香油拌菜或菜里加香油调味，还可增进孕妈妈的食欲。

2 搭配鸡蛋吃茼蒿

茼蒿含有膳食纤维、脂肪、蛋白质及较高的钠、钾等矿物质，能调节体内水液代谢，可消除孕妈妈水肿，有助于促进肠道蠕动，帮助孕妈妈及时排除毒素，达到通腑利肠、预防便秘的目的。茼蒿与鸡蛋一同炒食，可以提高维生素A的吸收利用率，孕妈妈可以常吃。

3 要适量吃鸡肉

鸡肉含蛋白质比例较高，而且消化率高，很容易被人体吸收利用，有增强体力、强壮身体的作用。另外，鸡肉含有对人体生长发育有重要作用的磷脂类，是脂肪和磷脂的重要来源之一。所以，孕妈妈可适量吃鸡肉。

4 要补充热量

孕中期的孕妈妈，每天摄入的热量要比孕前期增加836焦（约200千卡），大约相当于60克主食所产生的热量，但孕妈妈应该用更加平衡的膳食结构来提供这836焦（约200千卡）的热量，如：25克粳米+1个鸡蛋+120克绿色蔬菜，就是很好的搭配选择。这样不仅能提供孕妈妈所需的热量，还能补充其他各种营养素。

5 屋内不宜随便摆放花草

怀孕后，每天清晨醒来，去打理一下阳台的花花草草确实能修身养性，使孕妈妈的心情变好。可是，孕妈妈要注意了，有些花草不能碰。

· 产生气味的花草：茉莉、兰花、百合等散发的气味会使孕妈妈气喘烦闷、恶心、食欲缺乏，或过度兴奋而导致失眠。

· 耗氧性花草：丁香、夜来香等花草在进行光合作用时会消耗大量的氧气，从而影响孕妈妈和胎宝宝的健康。

· 易引起过敏的花草：万年青、五色梅、天竺葵、洋绣球、报春花均有致敏性，碰触、抚摸它们可能会引起皮肤过敏，出现红疹奇痒、皮肤黏膜水肿等症状。

· 有毒花草：一品红、黄杜鹃、夹竹桃、水仙、郁金香、含羞草等都具有毒性，不宜接触。

如果孕妈妈分不清哪些花草适合在房间里摆放，那就选盆最简单的吊兰或绿萝，既可以美化环境，又可以净化空气，还能增加房间内空气的湿度。常用电脑的上班族孕妈妈也可以在电脑桌上放盆绿萝或豆瓣绿，可吸收电脑产生的辐射。

6 不宜单吃红薯

红薯虽然营养丰富、香甜可口，但不宜单独作为主食，应该以面食、米饭等为主，辅以红薯，这样既调节了口味，又不至于对肠道产生副作用。如果只吃红薯，也要搭配着菜或菜汤，这样可以减少胃酸，减轻和消除胃肠的不适感。

蜂蜜红薯角

7 不宜吃反季节的食物

孕妈妈应根据季节，来选取进补的食物，少吃反季节食物。比如春季可以适当吃些野菜，夏季可以多补充些水果，秋季食山药，冬季补羊肉等。要根据季节和孕妈妈自身的情况，选取合适的食物进补，要做到"吃得对，吃得好"。

忌吃还想吃 "不时不食"怎么吃

● 春季多吃甜食、少吃酸：多吃一些健脾食物，如红枣，同时多吃新鲜蔬菜。

● 夏季慎食生冷、多吃苦：适当吃苦味食物，如芥蓝、苦瓜等，草莓、葡萄、菠萝、芒果、猕猴桃等酸味食物也要适量吃。

● 秋季少吃辛辣、多吃酸：要尽可能少食葱、姜等辛味食物，适当多吃些酸味蔬菜和水果。

● 冬季多吃热食、少生冷：宜食用热量较高的食物，也要多食富含维生素的食物。

每天营养餐单

怀孕后，胎宝宝亦需要从孕妈妈处获取大量维生素C来维持骨骼、牙齿的发育以及造血系统的正常功能，孕妈妈每日维生素C摄入量应达到110~115毫克。

餐后吃水果补充维生素C

维生素C在人体的吸收率与摄取量有关，当摄取量在30~60毫克时，吸收率可达100%；摄取量为90毫克时，吸收率降为80%。而且还和摄取时间有关，当空腹摄取时，吸收率约为30%，而餐后的吸收率可达50%。因此，建议孕妈妈每日三餐后半小时摄取水果。

维生素A能够预防维生素C的氧化，保持维生素C的稳定性。维生素E有一定的抗氧化作用，也可以提高维生素C的稳定性。因此，搭配好蔬菜水果，可以提高维生素C的利用率。

番茄中的维生素C，可帮助孕妈妈清除体内毒素，提高免疫力。

科学食谱推荐

星期	早餐（二选一）		加餐	
一	黑豆红枣粥 鸡蛋	菠菜鸡蛋饼 豆浆	粗粮饼干 酸奶	
二	全麦面包 牛奶 蔬菜沙拉	火腿奶酪三明治 苹果	开心果	
三	绿豆荞麦粥 鸡蛋 凉拌番茄	百合粥 南瓜饼 猕猴桃	芝麻糊	
四	肉松面包 西柚汁	南瓜油菜粥 玉米面发糕	葡萄干	
五	素蒸饺 鸡蛋 豆浆	圆白菜牛奶羹 鸡蛋	核桃 酸奶	
六	小白菜锅贴 豆浆	椰味红薯粥 鸡蛋	红豆西米露	
日	胡萝卜菠菜鸡蛋饭 番茄汤	全麦面包 牛奶 蔬菜沙拉	莲子银耳羹	

本周食材购买清单

肉类：虾仁、带鱼、猪肉、牛肉、鳜鱼、鸡肉等。

蔬菜：小白菜、金针菇、胡萝卜、青菜、番茄、南瓜、菠菜、芦笋、香菇、口蘑、草菇、菜花、茄子、黄豆芽等。

水果：雪梨、苹果、猕猴桃、西柚、火龙果、木瓜、草莓、菠萝等。

其他：鸡蛋、黑豆、豌豆、开心果、葵花子、葡萄干、莲子、银耳、豆腐、芋头等。

中餐（二选一）		晚餐（二选一）		加餐
米饭 豌豆炒虾仁 金针菇炒蛋	米饭 五香带鱼 清炒小白菜	青菜肉丝汤面 凉拌土豆丝	番茄菠菜面 芝麻圆白菜	葵花子 胡萝卜雪梨汁
米饭 鲜蔬小炒肉 番茄炖豆腐	米饭 什锦西蓝花 红烧带鱼	米饭 里脊肉炒芦笋 南瓜紫菜鸡蛋汤	米饭 银鱼鸡蛋羹 肉丝豆芽汤	粗粮饼干 酸奶
荞麦凉面 山药五彩虾仁	米饭 香菇炒菜花 糖醋排骨	米饭 毛豆烧鸡 清炒圆白菜	豆角焖米饭 干切牛肉片 蛋花汤	牛奶水果饮
米饭 清蒸茄子 土豆炖牛肉	花卷 小米蒸排骨 紫菜汤	米饭 香菇油菜 清蒸鲈鱼	米饭 番茄炒蛋 豆角小炒肉	火龙果 酸奶
米饭 口蘑肉片 清炒空心菜	米饭 板栗烧牛肉 素什锦	米饭 家常焖鳜鱼 芦笋口蘑汤	米饭 糖醋莲藕片片 三丁豆腐羹	红豆西米露 草莓
米饭 丝瓜炒鸡蛋 鲫鱼豆腐汤	米饭 里脊肉炒芦笋 蒜香黄豆芽	红烧牛肉面 清蒸茄泥	番茄炒饭 肉丝银芽汤	水果沙拉
米饭 胡萝卜炖牛肉 草菇烧芋圆	米饭 松子爆鸡丁 番茄鸡蛋汤	牛肉饼 菠菜鱼片汤	菠萝虾仁烩饭 油菜香菇汤	奶炖木瓜雪梨

早餐 小白菜锅贴

原料： 小白菜1棵，肉末80克，面粉150克，生抽、盐、葱末、姜末、植物油各适量。

做法： ❶小白菜洗净，切碎，挤去水分；肉末加生抽、盐、植物油搅拌成馅，再将葱末、姜末、小白菜倒入猪肉馅拌匀。❷面粉加水做成面皮，包入猪肉小白菜馅。❸平底锅刷植物油，锅热后转小火，将锅贴摆入锅中，盖锅盖，锅贴底面将熟时加少许凉水，再盖锅盖，锅贴底面焦黄即可。

中餐 口蘑肉片

原料： 瘦肉100克，口蘑50克，葱末、盐、香油、植物油各适量。

做法： ❶瘦肉洗净后切片，加盐拌匀；口蘑洗净，切片。❷油锅烧热，爆香葱末，放入瘦肉片翻炒，再放入口蘑炒匀，加盐调味，最后滴几滴香油即可。

晚餐 南瓜紫菜鸡蛋汤

原料： 南瓜100克，鸡蛋1个，紫菜、盐各适量。

做法： ❶南瓜洗净后，切块；紫菜泡发后洗净；鸡蛋打入碗内搅匀。❷将南瓜块放入沸水锅内，煮熟透，放入紫菜，煮10分钟，倒入蛋液搅散，出锅前放盐即可。

一日三餐举例

小白菜锅贴

口蘑肉片

南瓜紫菜鸡蛋汤

清蒸茄泥

胡萝卜菠菜鸡蛋饭

草菇烧芋圆

早餐 胡萝卜菠菜鸡蛋饭

原料：米饭 150 克，胡萝卜、菠菜各 20 克，鸡蛋 1 个，葱末、盐、植物油各适量。

做法：❶米饭打散；胡萝卜洗净，切丁；菠菜洗净，焯水后切碎；鸡蛋打成蛋液。❷油锅烧热，放蛋液炒散，盛出备用。❸锅中留底油，放葱末煸香，加入米饭、胡萝卜丁、菠菜碎、鸡蛋翻炒，最后加盐调味。

中餐 草菇烧芋圆

原料：芋头 120 克，鸡蛋 2 个，草菇 150 克，面粉、面包糠、酱油、盐、葱花、植物油各适量。

做法：❶芋头去皮洗净，煮熟捣烂；鸡蛋磕入碗中，搅匀；草菇洗净，切块。❷将芋泥与面粉混合，做成丸子，裹上鸡蛋液，蘸面包糠，放入热油锅炸至金黄色，捞出沥油。❸锅洗净，倒油烧热，加入芋圆与草菇，倒入适量水，加酱油、盐，撒葱花炖煮至熟。

晚餐 清蒸茄泥

原料：茄子 500 克，芝麻酱、生抽、盐各适量。

做法：❶茄子洗净，去皮，切长条。❷茄条放入盘中，入蒸锅蒸 20~30 分钟，至茄条软烂。❸用凉开水把芝麻酱化开，放入生抽和盐，做成麻酱汁。❹将调好的麻酱汁淋在茄条上，拌匀压成泥即可。

孕 23 周

孕妈妈有腹胀感，胎宝宝有了微弱的视觉

隆起的腹部，会让孕妈妈的消化系统感觉不舒服。少食多餐，每餐吃七八分饱，饭后散步，都会令你舒服一些。

胎宝宝的身长约有 20 厘米，体重达到 450 克。小家伙的视网膜已经形成，具备了微弱的视觉，会对外界光源做出反应。

本周宜忌

1 饮食调理舒缓腹胀感

对于孕期的腹胀感，孕妈妈应多吃蔬菜水果等高膳食纤维的食物，以促进肠胃蠕动；每天都应补充充足的水分，并养成每天排便的习惯；在日常饮食中要避免食用如油炸食物、汽水、糯米、泡面等易产气的食物。此外，从右下腹开始，以轻柔力道做顺时针方向按摩，每次 10~20 圈，每天 2~3 次，也可帮助舒缓腹胀感。

2 按时吃工作餐

由于职业的缘故，有些孕妈妈无法保证正常上下班、按时吃饭等，生活变得不规律。为了胎宝宝的健康，孕妈妈一定要按时吃饭。早餐可以在家吃，1 杯牛奶、1 个鸡蛋和 1 块全麦面包，就能满足孕妈妈上午对钙和膳食纤维的需要。中午的饭菜要尽量丰富，米饭、鱼、肉、蔬菜要合理搭配。

3 逛街回家后及时洗手

爱逛街是女人的天性，但对孕妈妈来说，要多加注意一些细节。孕妈妈应当穿着宽松舒适的衣物和弹性好的运动鞋，最好不要在人流高峰期乘车。商场、超市人多嘈杂，空气流通性不好，不宜在里面停留时间过长。逛完街回家后，孕妈妈要及时洗手、洗脸，将外衣换下，再去整理买回来的东西。

4 使用托腹带

孕 6 月的时候，胎宝宝的体重开始稳定地增加，这个时候建议孕妈妈开始使用托腹带。托腹带不但可以减轻孕妈妈腹部和腰部的重力负担，也可以减轻皮肤向外、向下的延展拉伸，有效地预防妊娠纹。

5 不宜把耳机贴在肚皮上

很多孕妈妈把耳机贴在肚皮上进行音乐胎教，这种做法是绝对错误的。一方面，太大的声音会使胎宝宝感觉到不安；另一方面，过于吵闹会极大地损害胎宝宝的听力系统。胎教音乐的节奏也不能太快，不要有突然的巨响，且每天1~2次，每次10~15分钟为宜。音量和讲话时的声音差不多即可，不要刻意放大声音。用音响播放时，孕妈妈要和音响保持1.5~2米的距离。

6 不宜用开水冲调营养品

研究证明，滋补饮料加温至60~80℃时，其中大部分营养成分会发生分解变化。如果用刚刚烧开的水冲调，会因温度较高而大大降低其营养价值。不宜用开水冲调的营养品有：孕妇奶粉、多种维生素、葡萄糖等滋补营养品。

7 不宜多吃菠菜

菠菜含有丰富的叶酸，名列蔬菜榜首，而叶酸的最大功能是保护胎宝宝免受脊椎裂、脑积水等神经系统畸形之害。菠菜富含的B族维生素，还有助于预防孕妈妈精神抑郁、失眠等常见的孕期并发症。但菠菜含草酸也多，草酸会干扰人体对钙、锌的吸收，引起腿抽筋和腰酸背痛。所以，就算孕妈妈喜欢吃菠菜，也别过多食用，每次100克即可。

菠菜与胡萝卜，为普通的蛋炒饭增色添香，配上一碗肉丝汤，就是营养均衡的一餐。

胡萝卜菠菜鸡蛋饭

忌吃 还想吃　菠菜怎么吃

● 菠菜中含有多种水溶性维生素，不宜切后再洗，否则会造成维生素大量流失。
● 食用菠菜前，将其放入开水中焯一下，使大部分草酸溶入水中之后再食用。
● 菠菜不宜与黄瓜同食，会破坏营养价值。

每天营养餐单

整个孕期，胎宝宝的发育都离不开维生素 A。孕妈妈如果缺乏维生素 A，不仅会出现眼干、眼涩等症状，还会影响到胎宝宝视力的发育。

补充天然维生素 A

鱼卵及动物的肝脏、奶类、蛋类是天然维生素 A 的最好来源，而菠菜、番茄、胡萝卜、芒果等蔬果，所含的 β - 胡萝卜素可以在人体内转化为维生素 A。孕中后期维生素 A 每日推荐量为 900 微克。800 微克维生素 A 约等于 120 克胡萝卜（1 根胡萝卜），900 微克维生素 A 约等于 90 克西蓝花（1 小朵西蓝花），1200 微克维生素 A 约等于半条三文鱼。

芒果含有丰富的 β - 胡萝卜素，孕妈妈常吃芒果，能起到健齿明目的效果。

科学食谱推荐

星期	早餐（二选一）		加餐	
一	全麦面包 牛奶 蔬菜沙拉	玉米粥 馒头 苹果	粗粮饼干 酸奶	
二	芝麻糊 鸡蛋 香蕉	香菇菜心面 鸡蛋	全麦面包 牛奶	
三	西葫芦饼 牛奶 草莓	土豆饼 豆浆	苹果	
四	荞麦南瓜米糊 家常鸡蛋饼	三鲜馄饨 花卷	开心果 香蕉	
五	番茄菠菜鸡蛋面	火腿奶酪三明治 猕猴桃汁	粗粮饼干 酸奶	
六	花卷 鸡蛋玉米羹	胡萝卜糙米粥 豆包	芝麻糊 香蕉	
日	小米粥 花卷 鸡蛋	白菜肉包 豆浆	水果沙拉	

本周食材购买清单

肉类：鸡肉、鳜鱼、带鱼、虾仁、牛肉、鸭肉、鲈鱼、猪肝、猪肉等。

蔬菜：西蓝花、芦笋、番茄、白菜、冬瓜、香菇、油菜、胡萝卜、菠菜、茭白、南瓜、黄瓜、空心菜等。

水果：芒果、苹果、香蕉、猕猴桃、橘子等。

其他：玉米粒、鸡蛋、枸杞子、红枣、核桃、海带、奶酪、豆腐、油豆腐等。

中餐（二选一）		晚餐（二选一）		加餐
米饭 松子爆鸡丁 什锦西蓝花	米饭 鲜虾芦笋 紫菜蛋汤	米饭 家常焖鳜鱼 白萝卜海带汤	红烧牛肉面 凉拌空心菜	芒果
红枣鸡丝糯米饭 蒜蓉空心菜 紫菜汤	米饭 酱牛肉 白菜炖豆腐	米饭 五香带鱼 香菇油菜	三鲜汤面 酸甜胡萝卜丝	榛子 枸杞子红枣茶
米饭 五香带鱼 板栗扒白菜	米饭 抓炒鱼片 芹菜炒百合	番茄面片汤 青椒炒猪肝	米饭 洋葱炒牛肉 冬瓜海带汤	核桃 酸奶
米饭 虾仁豆腐 凉拌黄瓜	米饭 清蒸鲈鱼 番茄炖土豆	米饭 土豆炖牛肉 冬瓜海带汤	米饭 清炒西蓝花 香菇烧鸡	全麦面包 酸奶
米饭 鱼香肉丝 番茄鸡蛋汤	豆角焖米饭 银芽肉丝汤	米饭 芝麻圆白菜 黄花鱼炖茄子	牛肉汤面 香菇炒茭白	奶酪手卷 干鱼片
米饭 香菇豆腐塔 番茄炖牛肉	米饭 板栗烧仔鸡 什锦西蓝花	虾仁蛋炒饭 紫菜汤	米饭 小米蒸排骨 菠菜蛋汤	橘瓣银耳羹
米饭 西蓝花烧双菇 丝瓜豆腐汤	米饭 炒豆芽 鸭块白菜	排骨汤面 家常豆腐	米饭 南瓜蒸肉 豆腐海带汤	蛋奶炖布丁

孕 23 周 孕妈妈有腹胀感，胎宝宝有了微弱的视觉

酱牛肉

香菇炒茭白

番茄菠菜鸡蛋面

早餐 番茄菠菜鸡蛋面

原料： 番茄、菠菜各50克，切面100克，鸡蛋1个，盐、植物油各适量。

做法： ❶鸡蛋打匀成蛋液；菠菜洗净，焯水后切段；番茄洗净，切块。❷油锅烧热，放入番茄块煸出汤汁，加水烧沸，放入面条，煮熟。❸将蛋液、菠菜段放入锅内，用大火再次煮开，出锅时加盐调味。

中餐 酱牛肉

原料： 牛腱肉300克，葱1根，姜1块，酱油、白糖、盐各适量。

做法： ❶牛腱肉洗净，切大块，放入开水中略煮一下捞出，用冷水浸泡一会；葱洗净切段；姜洗净切片。❷锅洗净，将葱段、姜片、牛腱肉一起放入锅中，加适量水和酱油、白糖、盐，煮开后用小火炖至肉熟，捞出，待肉冷却后切片。

晚餐 香菇炒茭白

原料： 茭白300克，香菇3朵，盐、植物油各适量。

做法： ❶茭白洗净，切片；香菇洗净，去蒂，切片。❷油锅烧热，加茭白片、香菇片一同翻炒。❸加入盐调味，炒至食材全熟时即可起锅。

早餐 胡萝卜糙米粥

原料： 胡萝卜 50 克，糙米 100 克，盐适量。

做法： ❶胡萝卜洗净，切丁，在锅中煸炒片刻，盛出备用；糙米洗净，浸泡 2 小时。❷锅中放入糙米和适量水，大火烧沸后放入胡萝卜，改小火熬煮。❸待粥煮至黏稠时，加盐调味即可。

中餐 鱼香肉丝

原料： 瘦肉丝 150 克，春笋 200 克，水发黑木耳 70 克，胡萝卜半根，姜末、蒜末、葱花、白糖、酱油、醋、盐、干淀粉、植物油各适量。

做法： ❶瘦肉丝加盐和干淀粉调匀；春笋、水发黑木耳和胡萝卜分别洗净，切丝。❷白糖、酱油、醋、盐和干淀粉加水调成鱼香汁。❸油锅烧热，下姜末、蒜末炒香，倒入瘦肉丝翻炒，加胡萝卜丝、笋丝和木耳丝煸炒。❹倒入鱼香汁，煮至汤黏稠，撒上葱花即可。

晚餐 家常豆腐

原料： 油豆腐 200 克，春笋片、豌豆、虾仁、香菇各 50 克，酱油、盐、水淀粉、植物油各适量。

做法： ❶油豆腐洗净；春笋片、豌豆、虾仁洗净；香菇洗净，切片。❷油锅烧热，下豌豆、春笋片翻炒，再加入香菇、虾仁、油豆腐炒匀，加酱油、盐调味炒制。❸加适量水，焖片刻，焖至食材全熟，再用水淀粉勾薄芡即可。

家常豆腐

胡萝卜糙米粥

鱼香肉丝

孕 23 周 孕妈妈有腹胀感，胎宝宝有了微弱的视觉 ●**155**

孕 24 周

孕妈妈眼睛不舒服，胎宝宝对声音敏感

孕妈妈腹部越来越沉重，有些孕妈妈会感到眼睛干涩、怕光，脸部会有点肿。这些是孕期正常反应，不必担心。

胎宝宝能听到孕妈妈的说话声、心跳声，对于较大的噪声，会表现出明显的不安，要尽量避免。

本周宜忌

1 多吃一些全麦食物

全麦制品可以让孕妈妈保持充沛的精力，还能提供丰富的铁和锌。因此，专家建议孕妈妈多吃一些全麦饼干、麦片粥、全麦面包等全麦食品。喜欢吃麦片粥的孕妈妈，还可以根据自己的喜好，在粥里面加入一些葡萄干、花生碎或是蜂蜜来增加口感。

2 饮食控制血糖

有 60%~80% 的妊娠期糖尿病可以靠严格的饮食控制和运动疗法控制住。如果孕妈妈有妊娠期糖尿病，应注意：少用煎炸的烹调方式，多选用蒸、煮、炖等烹调方式；控制植物油和动物脂肪的摄入；水果应根据病情来食用，若病情控制效果不佳，应暂不食用。此外，适当吃些野菜，也可以预防妊娠期糖尿病。

3 做妊娠期糖尿病检查

孕 24~28 周是检查妊娠期糖尿病的最佳时期，妊娠期糖尿病对孕妈妈和胎宝宝的健康会造成极大的影响，孕妈妈应进行定期血糖测定，及时进行营养咨询。此项检查一般都是被安排在早上，不同的医院测试方法会有所不同，但基本上都会要求检查前空腹 12 小时。

因此，孕妈妈准备去做妊娠糖尿病检查的前一天，晚上 8 点之后就不要吃东西，也不要喝饮料了。

4 穿孕妇专用的弹性袜

孕妈妈专用的弹性袜可以在药店或孕妇服装店买到，对缓解静脉曲张症状很有帮助。这种袜子也称医用循序减压弹力袜，在脚踝处是紧绷的，顺着腿部向上变得越来越宽松，逐渐减轻腿部受到的压力，使血液更容易向上回流入心脏。早晨起床前，孕妈妈还躺在床上的时候，就可以穿上这种长袜，防止血液被压迫在下肢。

5 不宜用电吹风吹干头发

孕妈妈洗头发之后要及时把头发擦干，避免着凉而引起感冒。但电吹风吹出的热风含有微量的石棉纤维，可以通过孕妈妈的呼吸道和皮肤进入血液，经胎盘而进入胎宝宝体内，对胎宝宝有不利影响，所以能不用就不要用电吹风。孕妈妈洗完头发可以用干发帽、干发巾。

6 不宜吃肉中的脂肪部分

孕妈妈在烹煮肉前，可以先将带有脂肪的部分处理掉（比如去掉肥肉和家禽的皮）。千万不要嫌麻烦，不然这些脂肪会融进汤里，致使其含有很多的饱和脂肪酸和胆固醇，这些并不适合孕妈妈大量地吃进肚子里。

7 不宜过量食用黄豆

黄豆营养丰富，是质优价廉的营养品，但食用黄豆也必须适量，因为黄豆中含有植物雌激素，吃多了会产生不良反应，一般每天食用量不要超过50克。

肉末、蒜蓉调剂了豆腐入口时的寡淡，烹调前，入沸水焯烫一下，可去除豆腐的苦涩味。

蒜香烧豆腐

忌吃 还想吃 豆类食品怎么吃

● 豆豉含维生素 B_2 非常丰富，比一般黄豆约高1倍，孕妈妈可适量吃。

● 喝未煮熟的豆浆会发生恶心、呕吐等症状，因此豆浆一定要煮熟后饮用。生豆浆中含有胰蛋白酶抑制物，充分加热就可以破坏它的活性。

● 豆腐素有"植物肉"之美称，含有丰富的优质蛋白质，但多吃容易引起蛋白质消化不良，隔几天吃1~2块豆腐即可。

每天营养餐单

孕中期是胎宝宝骨骼发育的黄金时期，而镁是形成骨骼的关键营养素，孕妈妈摄取镁的数量关系到将来宝宝的身高、体重和头围的大小。

搭配钙补充镁

当孕妈妈血液中的镁含量增加时，可抑制子宫平滑肌的活动，这有利于维持妊娠至足月，从而防止早产。

镁比较广泛地分布于各种食物中。新鲜的绿叶蔬菜、海产品、豆类、坚果类是镁较好的食物来源。在补钙的同时补充镁，能够有效促进钙在骨骼和牙齿中的沉积，比如富含镁的燕麦和富含钙的牛奶搭配可作为孕妈妈的营养早餐。

香蕉中的镁不仅是胎宝宝骨骼发育的关键营养素，还可改善孕妈妈的情绪不安，缓解孕期抑郁。

科学食谱推荐

星期	早餐（二选一）		加餐	
一	全麦面包 牛奶	荞麦南瓜米糊 西葫芦鸡蛋饼	苹果	
二	什锦面 鸡蛋	萝卜虾泥馄饨 芝麻烧饼	粗粮饼干 牛奶	
三	胡萝卜小米粥 鸡蛋	火腿奶酪三明治 苹果汁	牛奶燕麦片	
四	玉米粥 家常鸡蛋饼	芹菜燕麦粥 肉包	粗粮饼干 酸奶	
五	肉松面包 牛奶	花生紫米粥 肉包	猕猴桃 酸奶	
六	土豆饼 豆浆	椰味红薯粥 豆包	香蕉 酸奶	
日	花生紫米粥 鸡蛋紫菜饼	五仁粳米粥 全麦面包	枣糕	

本周食材购买清单

肉类：鸡肉、牛肉、鲈鱼、猪肉、鲫鱼、带鱼、猪肝、虾仁等。

蔬菜：香菇、油菜、白萝卜、茄子、空心菜、豆角、番茄、胡萝卜、芹菜、
圆白菜、山药、南瓜、土豆等。

水果：苹果、葡萄、火龙果、菠萝、猕猴桃、香蕉等。

其他：鸡蛋、开心果、百合、海带、葵瓜子、花生、核桃、杏仁、紫薯、松子、
玉米粒、豆腐、燕麦、豆腐干等。

中餐（二选一）		晚餐（二选一）		加餐
米饭 豌豆鸡丝 松子玉米	牛肉焖饭 油焖茄条 白萝卜海带汤	肉丝面 凉拌素什锦	米饭 香菇青菜 土豆烧鸡块	开心果 葡萄
米饭 蜜汁豆腐干 五彩玉米羹	米饭 豆角小炒肉 番茄土豆汤	香菇红枣粥 牛肉饼	米饭 番茄炖豆腐 清蒸鲈鱼	火龙果
米饭 炒菜花 肉丝银芽汤	红烧牛肉面 花生仁拌菠菜	米饭 芝麻圆白菜 鲫鱼冬瓜汤	紫米粥 豆包	葵瓜子 香蕉
米饭 京酱西葫芦 五香带鱼	米饭 芹菜炒百合 土豆炖牛肉	粳米绿豆熘猪肝粥 素包	番茄面疙瘩 什锦烧豆腐羹	菠萝
米饭 豆皮炒肉丝 芝麻圆白菜	米饭 小米蒸排骨 什锦西蓝花	米饭 蒜蓉空心菜 板栗烧牛肉	家常鸡蛋饼 三丁豆腐	枸杞子红枣茶
米饭 双椒炒肉 冬瓜海带汤	米饭 香肥带鱼 香菇油菜	米饭 百合炒牛肉 丝瓜蛋花汤	什锦果汁饭 圆白菜牛奶羹	核桃 苹果胡萝卜汁
米饭 香豉牛肉片 白菜豆腐汤	米饭 孜然鱿鱼 排骨山药汤	米饭 番茄炒山药 木耳炒鸡蛋	米饭 糖醋排骨 地三鲜	水果沙拉

孕 24 周 孕妈妈眼睛不舒服，胎宝宝对声音敏感 **159**

土豆烧鸡块

蜜汁豆腐干

萝卜虾泥馄饨

早餐 萝卜虾泥馄饨

原料: 馄饨皮 15 个,白萝卜、胡萝卜、虾仁各 20 克,鸡蛋 1 个,盐、香油、葱末、姜末、植物油各适量。

做法: ❶白萝卜、胡萝卜、虾仁洗净,剁碎;鸡蛋打成蛋液。❷油锅烧热,放葱末、姜末,下入虾仁碎煸炒,再放入蛋液,划散后盛起放凉。❸把所有馅料混合,加盐和香油,调好馅;包成馄饨,煮熟即可。

中餐 蜜汁豆腐干

原料: 豆腐干 100 克,酱油、冰糖、盐各适量。

做法: ❶豆腐干洗净,放入锅中,加适量水。❷大火煮开后,倒入酱油,加冰糖,小火炖煮。❸待收汁后加盐,晾凉即可。

晚餐 土豆烧鸡块

原料: 鸡块 200 克,土豆 150 克,彩椒、姜片、蒜片、生抽、老抽、米酒、盐、白糖、植物油各适量。

做法: ❶鸡块洗净,加生抽、盐、米酒腌制;彩椒洗净,切块;土豆去皮切块。❷油锅烧热,爆香姜片、蒜片,放入鸡块急火翻炒。❸再放入土豆,翻炒后加老抽、白糖,加水煮沸后转小火慢炖,至汤汁浓稠后加入适量盐调味。❹起锅前加入彩椒块,翻炒均匀即可。

早餐 五仁粳米粥

原料: 粳米 30 克,芝麻、碎核桃仁、碎甜杏仁、碎花生仁、瓜子仁各适量。

做法: 粳米煮成稀粥,加入芝麻、碎核桃仁、碎甜杏仁、碎花生仁、瓜子仁即可。

中餐 豆皮炒肉丝

原料: 豆皮 100 克,猪肉 80 克,青椒 2 个,葱末、姜末、蒜片、生抽、料酒、醋、白糖、盐、干淀粉、植物油各适量。

做法: ❶猪肉洗净切丝;豆皮、青椒洗净,切丝。❷猪肉放碗里,加葱末、姜末、料酒、生抽、盐和干淀粉抓匀,腌制片刻。❸油锅烧热,放入猪肉丝翻炒,变色后放入蒜片、青椒丝和豆皮丝翻炒片刻,加入醋,继续翻炒。❹最后调入生抽和白糖翻炒均匀即可。

晚餐 地三鲜

原料: 茄子1个,土豆1个,青椒1个,葱花、蒜末、生抽、料酒、白糖、盐、水淀粉、植物油各适量。

做法: ❶茄子洗净,切成滚刀块;青椒去蒂、去籽,掰成大块;土豆去皮,切块。❷生抽、料酒、白糖、盐和水淀粉调匀成调味汁;油锅烧热,放入土豆块和茄子块,炒至金黄,捞出控干;放入青椒,快速炸一下至变色,捞起控干。❸锅内留底油,爆香葱花、蒜末,放入土豆块、茄子块和青椒块翻炒,淋入调味汁翻炒至汤汁黏稠即可。

五仁粳米粥

地三鲜

豆皮炒肉丝

孕 25 周

孕妈妈妊娠纹明显，胎宝宝大脑迅速发育

不断长大的肚子对腰腿部位的压力增大，引起的疼痛继续加剧，孕妈妈脸上和身上的斑纹也更加明显。

胎宝宝的体重稳定增长，本周大约有 600 克了。小家伙的脑细胞迅速增殖分化，体积增大，进入大脑发育的高峰期。

本周宜忌

1 适量增加植物油的摄入

本月是孕中期的最后时期，胎宝宝身体和大脑发育速度加快，对脂质及必需脂肪酸的需求增加，孕妈妈应增加植物油的摄入，还要多吃些健脑的食品，如海鱼、核桃、芝麻、花生等。但要控制每周的体重增加要在 350 克左右，以不超过 500 克为宜。

2 要重视加餐质量

进入孕 7 月，胎宝宝通过胎盘吸收的营养是孕早期的五六倍，除了正餐要吃好之外，加餐的质量也要给予重视。加餐一般需要有一点主食作为基础，比如全麦面包和燕麦片，可以适当喝一些牛奶，也可以吃一些新鲜的水果。而吃坚果的时间则可以随意一些，每天吃 1 次，每次吃 1 小把或几颗就可以了。要注意的是，加餐切不可代替正餐。

3 吃对食物防焦虑

食物是影响情绪的一大因素，选对食物的确能提神、安抚情绪，改善忧郁、焦虑等症状。孕妈妈不妨在孕期多摄取富含 B 族维生素、维生素 C、镁、锌的食物及深海鱼等，通过饮食的调整来达到抗压及抗焦虑的功效。可以预防孕期焦虑的食物有：深海鱼、鸡蛋、牛奶、优质肉类、空心菜、菠菜、番茄、豌豆、红豆、香蕉、梨、木瓜、香瓜和坚果类、谷类、柑橘类等。

4 拍张美美的大肚照

很多孕妈妈都特别渴望拍美美的大肚照，但是只有 7 个月以后肚子才能又圆又大，拍出来才好看。拍大肚照的最佳时间是孕 7~8 月。孕妈妈可以先浏览一下网上的大肚照，提前策划要怎么拍。事先要和客服人员沟通并预定时间，选人少的日子去拍比较好，这样不会等那么久。

5 不宜和人争吵

胎宝宝喜欢孕妈妈说话时语调平和、温暖，而当孕妈妈和别人争吵甚至沮丧时，他也会焦躁不安，因此孕妈妈在与别人争吵前，一定要多多考虑一下腹中宝宝的感受。

6 不宜多吃甘蔗

甘蔗中含有大量的蔗糖，孕妈妈大量摄入后，蔗糖会进入胃肠道消化分解，使孕妈妈体内的血糖浓度增高。同时，过多蔗糖的摄入，会导致孕妈妈发胖，还会影响孕妈妈对其他营养素的摄入，导致营养不均衡。

7 不宜过量吃海鱼

海鱼可以为孕妈妈和胎宝宝提供优质蛋白、DHA、碘等很多孕期所需的营养素。但近年来由于全球性的海洋污染，很多海域中存在汞等重金属超标的问题。当这类被污染的海鱼吃得太多时，会造成汞的摄入超标。所以现在有很多专家建议，每周吃海鱼不超过1次。建议孕妈妈在选择鱼时可以按多样化的原则，多种不同种类的鱼轮流选用。既可以提供多样的营养素，又可以减少摄入污染物的可能性。

清蒸的方式更能尝出龙利鱼的细腻鲜美，还能最大程度地保留鱼肉的营养。

蒸龙利鱼柳

忌吃 还想吃 孕期健康吃鱼

●每周至少吃1次鱼类，不要只吃一种，尽量吃不同种类的鱼。

●淡水鱼里常见的鲈鱼、鲫鱼、黑鱼、草鱼，深海鱼里的三文鱼、鳕鱼、鳗鱼等都是不错的选择。

●保留营养的最佳烹饪方式是清蒸，用新鲜的鱼炖汤也不错。

每天营养餐单

现在，胎宝宝的大脑发育进入了一个高峰期。为保证胎宝宝大脑和视网膜的正常发育，孕妈妈仍要摄入足够的"脑黄金"。

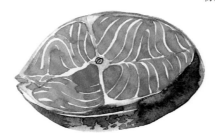

三文鱼富含的 DHA 是胎宝宝视网膜和大脑发育必不可少的物质。

保证足量 DHA 的供给

孕妈妈可以交替吃些富含DHA 类的物质，如富含天然亚油酸、亚麻酸的核桃、松子、花生等坚果类食品，以及新鲜的海鱼。

蒸鱼时，鱼的脂肪会少量溶解于汤中，而且蒸鱼时汤水较少，所以不饱和脂肪酸的损失较少，DHA 含量会剩余 90% 以上；炖鱼时，鱼的脂肪也会有少量溶解，鱼汤中会出现浮油，DHA 会剩余 80%；炸鱼时，鱼的脂肪会逐渐溶出到油中，而油的成分又逐渐渗入鱼体内，DHA 的损失会更大些，只能剩下 50%～60%。因此，蒸鱼、炖鱼更有利于 DHA 的吸收。

科学食谱推荐

星期	早餐（二选一）		加餐
一	花卷 鸡蛋 苹果汁	小米粥 南瓜包	全麦面包 牛奶
二	红枣小米粥 豆包	鸡丝麻酱荞麦面 凉拌番茄	苹果
三	素蒸饺 鸡蛋	牛奶核桃粥 家常鸡蛋饼	榛子 猕猴桃
四	吐司小比萨 牛奶	芝麻烧饼 豆浆	牛奶燕麦片
五	红薯小米粥 鸡蛋	西葫芦饼 豆浆	全麦面包 牛奶
六	全麦面包 牛奶	三鲜馄饨 鸡蛋	火腿奶酪三明治
日	香菇蛋花粥 花卷	阳春面 凉拌黄瓜	奶炖木瓜雪梨

本周食材购买清单

肉类：排骨、虾仁、鸡肉、鲫鱼、牛肉、带鱼、鲈鱼、黄花鱼、猪肉、三文鱼、培根等。

蔬菜：南瓜、萝卜、青菜、娃娃菜、番茄、香菇、草菇、金针菇、芦笋、油菜、莲藕、菠菜、西蓝花、洋葱、胡萝卜、莴笋、山药、菜花、黄瓜等。

水果：苹果、草莓、香蕉、猕猴桃、橙子、木瓜、雪梨等。

其他：鸡蛋、开心果、核桃、红豆、豆腐、榛子、燕麦、牛奶、松子等。

中餐（二选一）		晚餐（二选一）		加餐
米饭 家常豆腐 红烧排骨	蛋炒饭 虾仁豆腐 猪骨萝卜汤	米饭 草菇烧芋圆 青菜鲫鱼汤	番茄打卤面 白灼金针菇	开心果 草莓
米饭 甜椒炒牛柳 什锦西蓝花	米饭 糖醋莲藕片片 菠菜鸡煲	米饭 酱牛肉 香菇炒茭白	米饭 胡萝卜炒猪肝 家常豆腐	全麦面包 牛奶
米饭 糖醋圆白菜 莲藕炖牛腩	米饭 青椒炒肉丝 海带土豆汤	米饭 芹菜炒百合 胡萝卜肉丝汤	香菇鸡汤面 三丝木耳	粗粮饼干 酸奶
米饭 松子爆鸡丁 油焖茄条	鸡丝面 凉拌番茄	平菇小米粥 香干芹菜 香豉牛肉片	米饭 凉拌藕片 芦笋鸡丝汤	蛋卷 香蕉
蔬菜虾肉饺 银耳拌豆芽	馒头 小米蒸排骨 香菇油菜	米饭 鱼香肉丝 家常豆腐	米饭 香煎三文鱼 莴笋炒山药	核桃 橙子
米饭 蒜蓉空心菜 香菇山药鸡	米饭 糖醋莲藕片片 鲈鱼炖茄子	南瓜油菜粥 板栗烧牛肉 凉拌素什锦	米饭 猪肉焖扁豆 奶油娃娃菜	水果沙拉
米饭 培根莴笋卷 香菇炒菜花	米饭 清蒸黄花鱼 蘸酱菜	番茄炒饭 鸡脯扒油菜 凉拌黄瓜	玉米胡萝卜粥 京酱西葫芦 红烧带鱼	红豆西米露

早餐 吐司小比萨

原料: 吐司 1 片,小番茄 3 个,西蓝花 1/4 棵,洋葱 1/4 个,马苏里拉芝士 15 克,比萨酱适量。

做法: ❶小番茄洗净,对半切开;西蓝花洗净,掰成小朵;洋葱洗净,切圈。❷吐司一面均匀刷上比萨酱,撒上马苏里拉芝士,铺上小番茄、西蓝花和洋葱圈,再撒上少许马苏里拉芝士。❸烤箱预热至 200℃,放入吐司小比萨,烤 8~10 分钟至吐司表面金黄、芝士熔化后取出即可。

中餐 培根莴笋卷

原料: 莴笋 200 克,培根 100 克,盐、料酒、酱油、白糖各适量。

做法: ❶莴笋去皮,洗净,切条,加盐焯熟。❷培根用料酒、酱油、白糖腌制片刻。❸用培根将莴笋条卷起来,用牙签串起,在烤箱中烤熟即可。

晚餐 奶油娃娃菜

原料: 娃娃菜 1 棵,牛奶 100 毫升,高汤、干淀粉、植物油、盐各适量。

做法: ❶娃娃菜洗净,切小段;牛奶中倒入干淀粉中搅匀。❷油锅烧热,倒入娃娃菜,再加些高汤,烧至七八成烂。❸倒入调好的牛奶汁,加盐,再烧开即成。

一日三餐举例
培根莴笋卷
奶油娃娃菜
吐司小比萨

清蒸黄花鱼

香菇蛋花粥

芦笋鸡丝汤

早餐 香菇蛋花粥

原料： 粳米 80 克，香菇 3 朵，鸡蛋 2 个，虾米、植物油各适量。

做法： ❶香菇洗好，去蒂，切片；鸡蛋打成蛋液；粳米洗净。❷油锅烧热，放入香菇片、虾米，大火快炒至熟，盛出。❸将粳米放入锅内，加入适量清水，大火煮至半熟，倒入炒好的香菇片、虾米，煮熟后淋入蛋液，稍煮即可。

中餐 清蒸黄花鱼

原料： 黄花鱼 1 条，料酒、姜片、葱段、盐、植物油各适量。

做法： ❶黄花鱼处理干净，用盐、料酒腌制 10 分钟，将姜片铺在鱼上，放入锅中用大火蒸熟。❷姜片拣去，腥水倒掉，然后将葱段铺在鱼上。❸油锅烧热后，浇到鱼盘的葱段上即可。

晚餐 芦笋鸡丝汤

原料： 芦笋、鸡肉各 100 克，金针菇 20 克，鸡蛋 1 个，高汤、干淀粉、盐、香油各适量。

做法： ❶鸡肉洗净，切丝，用鸡蛋清、盐、干淀粉拌匀腌 20 分钟。❷芦笋洗净沥干，切段；金针菇洗净沥干。❸锅中放入高汤，加鸡肉丝、芦笋、金针菇同煮，待沸后加盐，淋上香油即可。

孕 26 周

孕妈妈睡眠变差，胎宝宝睁开了眼睛

孕妈妈身体越来越累，睡眠质量也变差了。这是一种普遍现象，放宽心态，为胎宝宝的健康发育保持良好情绪。

胎宝宝的体重又增加了 150 克，大约重 750 克了。本周是胎宝宝听力和视力发育的重要时期，小家伙第 1 次睁开了眼睛。

本周宜忌

1 每天 1 把葵花子即可

葵花子富含亚油酸，可以促进胎宝宝大脑发育，同时含有大量的维生素 E，可以促进胎宝宝血管生长和发育。所以，孕妈妈可以适当吃些葵花子。可以在闲的时候嗑 1 小把葵花子，每天 1 次即可。

2 增加谷物和豆类摄入量

从现在到分娩，应该增加谷物和豆类的摄入量，以每日 350~450 克为宜。富含膳食纤维的食品中 B 族维生素的含量很高，对胎宝宝大脑的生长发育有重要作用，而且可以预防孕妈妈便秘。比如全麦面包及其他全麦食品、豆类食品、粗粮等，孕妈妈都可以多吃一些。

3 睡软硬适中的床

孕中期，孕妈妈腰背部肌肉和脊椎压力都比较大，不适合睡太软的床，孕妈妈可以选择软硬适中的床。如果是木板床，可以在床上垫厚薄适宜的海绵垫，以床垫总厚度不超过 9 厘米为宜。

4 每天按摩乳头

孕妈妈乳头会比较娇嫩、脆弱，在哺乳的时候往往经受不住婴儿的反复吮吸，感到疼痛或者奇痒无比。为了预防这种情况的发生，可以每天用温水和干净的毛巾擦洗乳头 1 次，注意要将乳头上积聚的分泌物结痂擦洗干净，然后在乳头表面擦一点婴儿油并轻轻地按摩，这样可以增强皮肤的弹性和接受刺激的能力。

5 不宜使用口红

平时用的口红是由各种油脂、蜡质、颜料和香料等成分组成，其中油脂通常采用羊毛脂。羊毛脂除了会吸附空气中各种对人体有害的重金属元素，还可能吸附有害菌类，使其进入体内。所以不建议孕妈妈使用口红，以免把有害物质吃进肚子里。

6 不宜多吃荔枝

从中医角度来说，怀孕之后，孕妈妈体质偏热，阴血往往不足。荔枝同桂圆一样也是热性水果，过量食用容易产生便秘、口舌生疮等上火症状，而且荔枝含糖量高，易引起血糖过高，使孕妈妈患上孕期糖尿病。所以，孕妈妈不要吃太多荔枝，1次不宜超过6颗。

7 妊娠高血压不宜多吃盐

妊娠高血压的发生和饮食的关系十分密切，高血压孕妈妈应少吃或不吃动物脂肪和胆固醇含量较高的食物，如动物油、动物内脏、黄油、蛋黄、鱼肝油、螃蟹等。同时，要严格控制食盐的摄入量，轻者可控制在每天2克左右，重者每天不可超过2克，甚至不放盐。此外，早上醒来之后，要喝1杯温开水，避免血液黏稠时就开始一天的活动。

妊娠高血压孕妈妈饮食以清淡为宜，调味品要少用，将猪肉丝与黄豆芽同煮，制成汤品，不用调味料也很香。

肉丝银芽汤

忌吃 还想吃 妊娠高血压孕妈妈怎么吃

● 烹调时，多采用植物油，不宜多吃动物性脂肪。

● 多吃低脂肪、低胆固醇的食物，如鱼、瘦肉、牛肉、豆类及豆制品等。

● 多吃富含膳食纤维的新鲜蔬菜，如黄豆芽、芹菜、荠菜、胡萝卜等，以增加膳食中有益心血管健康的维生素C、胡萝卜素、膳食纤维、钾等营养素的摄取量，促进脂肪代谢，降低胆固醇。

每天营养餐单

此时正值胎宝宝大脑发育的高峰期，孕妈妈补充蛋白质既满足自身需要，又对胎宝宝大脑发育非常重要，每日摄入蛋白质应达到 70 克以上。

睡前 1 杯牛奶

孕妈妈孕期摄取的蛋白质，其中一半贮存于胎宝宝体内，而蛋白质的贮存量随孕周的增长而增加，因此孕妈妈孕中后期应摄入更多的蛋白质，孕中期每日为 70 克，孕晚期每日为 85 克。每天摄取的蛋白质中，动物性蛋白质和植物性蛋白质各占一半较好。前者如肉类、乳制品等，后者如豆类、谷类、坚果等。

睡前喝 1 杯牛奶有助于孕妈妈提高睡眠质量，这其实是蛋白质里的色氨酸在发挥作用。色氨酸是调节睡眠、情绪的重要营养元素。喝牛奶不仅可以满足孕妈妈、胎宝宝对蛋白质的需求，还可以让孕妈妈睡个好觉，有个好心情。

鱼肉中的蛋白质含量高、质量佳，而且易被消化吸收。

科学食谱推荐

星期	早餐（二选一）		加餐	
一	红薯粳米粥 鸡蛋	黑豆饭 鸡蛋羹	板栗	
二	三鲜馄饨 凉拌黄瓜	全麦面包 牛奶	开心果 草莓	
三	什锦甜粥 家常鸡蛋饼	白菜豆腐粥 豆包	牛奶香蕉糊	
四	南瓜包 豆浆	百合粥 鸡蛋紫菜饼	苹果	
五	香菇红枣粥 肉包	芝麻烧饼 豆浆	榛子 葡萄	
六	五仁粳米粥 鸡蛋	荞麦南瓜米糊 菠菜鸡蛋饼	芒果西米露	
日	青菜海米烫饭 花卷	全麦面包 牛奶	橘瓣银耳羹	

本周食材购买清单

肉类： 排骨、虾仁、牛肉、鲫鱼、鲈鱼、黄花鱼、鸡肉、鸭肉、鱼丸、猪肉、带鱼等。

蔬菜： 南瓜、豆芽、番茄、青菜、冬瓜、金针菇、胡萝卜、茄子、白菜、莲藕、芹菜、莴笋、土豆、洋葱、西蓝花等。

水果： 香蕉、哈密瓜、草莓、橙子、苹果、葡萄、芒果等。

其他： 芋头、鸡蛋、燕麦、豆腐、榛子、黑豆、板栗、银耳、松子、海带等。

中餐（二选一）		晚餐（二选一）		加餐
米饭 白菜炖豆腐 糖醋排骨	米饭 虾仁豆腐 豆芽炒肉丁	豆角焖米饭 香豉牛肉片 番茄鸡蛋汤	米饭 双鲜拌金针菇 青菜冬瓜鲫鱼汤	香蕉哈密瓜沙拉
番茄面片汤 松子爆鸡丁	米饭 芹菜炒百合 土豆炖牛肉	虾仁蛋炒饭 胡萝卜炖牛肉	米饭 清蒸鲈鱼 素烧茄子	牛奶燕麦片
牛肉卤面 海米海带丝	米饭 宫保素三丁 油焖茄条	荞麦凉面 金针菇炒鸡蛋 莴笋炒口蘑	米饭 什锦烧豆腐 肉末炒芹菜	蛋卷 橙子
米饭 番茄鸡片 白萝卜海带汤	馒头 板栗烧牛肉 白菜豆腐汤	米饭 芝麻圆白菜 鱼丸冬瓜汤	菠萝虾仁烩饭 油菜香菇汤	全麦面包 牛奶
米饭 甜椒炒牛肉 山药五彩虾仁	米饭 鲜虾芦笋 五香带鱼	米饭 番茄炖豆腐 蒜蓉空心菜	三鲜汤面 芸豆烧荸荠	牛奶水果饮
香菇鸡汤面 鱼香肉丝	米饭 番茄炖牛肉 香菇豆腐塔	米饭 糖醋莲藕片片 鸭块白菜	西葫芦饼 时蔬鱼丸 海带土豆汤	香蕉沙拉
米饭 糖醋圆白菜 老鸭汤	排骨汤面 干烧黄花鱼	米饭 香芋南瓜煲 葱爆甜椒牛肉	米饭 糖醋莲藕片片 番茄烩土豆	粗粮饼干 酸奶

时蔬鱼丸

青菜海米烫饭

油焖茄条

早餐 青菜海米烫饭

原料: 米饭 100 克,海米 20 克,青菜、盐、香油各适量。

做法: ❶海米提前浸泡 2 小时;青菜洗净,入加入香油的沸水中焯熟,过凉水,沥干,切碎。❷清水煮沸,倒入米饭,转小火至米粒破裂,放入青菜、海米,加盐调味,淋上香油即可。

中餐 油焖茄条

原料: 茄子 1 个,胡萝卜半根,鸡蛋 1 个,水淀粉、盐、醋、葱丝、蒜片、植物油各适量。

做法: ❶茄子去蒂,洗净去皮,切条,放入鸡蛋和水淀粉挂糊抓匀;胡萝卜洗净,切丝;碗内放盐、醋兑成汁。❷油锅烧热,把茄条炸至金黄色。❸锅内留底油,烧热后放葱丝、蒜片、胡萝卜丝,再放茄条,迅速倒入兑好的汁,翻炒几下装盘。

晚餐 时蔬鱼丸

原料: 洋葱、胡萝卜、鱼丸、西蓝花各 30 克,盐、白糖、酱油、植物油各适量。

做法: ❶洋葱、胡萝卜分别去皮,洗净,切丁;西蓝花洗净,掰小朵。❷油锅烧热,倒入洋葱、胡萝卜,翻炒至熟,加水烧沸,放入鱼丸、西蓝花,熟后加盐、白糖、酱油调味。

早餐 黑豆饭

原料： 黑豆 30 克，糙米 20 克。

做法： ❶黑豆、糙米分别淘洗干净，提前一晚浸泡。❷黑豆、糙米加水，倒入电饭煲焖熟即可。

中餐 板栗烧牛肉

原料： 牛肉 150 克，板栗 6 颗，姜片、葱段、盐、料酒、植物油各适量。

做法： ❶牛肉洗净，入开水锅中焯透，切成块；板栗大火煮沸，捞出去壳，切小块；油锅烧热，下板栗炸 2 分钟，再将牛肉块炸一下，捞起，沥去油。❷锅中留适量底油，下入葱段、姜片，炒出香味时，下牛肉、盐、料酒、清水。❸当锅沸腾时，撇去浮沫，改用小火炖，待牛肉炖至将熟时，下板栗，烧至牛肉熟烂、板栗酥时收汁即可。

晚餐 香芋南瓜煲

原料： 芋头、南瓜各 200 克，椰浆 250 毫升，蒜、姜、盐、白糖、植物油各适量。

做法： ❶芋头、南瓜削皮后，切大小适中的菱形块；蒜、姜洗净切片。❷油锅烧热，爆香蒜片和姜片，倒入芋头块和南瓜块，小火翻炒 1 分钟左右。❸倒入半碗清水，加入椰浆、盐、白糖，煲滚后转小火继续煮 20 分钟，至芋头和南瓜软烂即可。

孕 26 周 孕妈妈睡眠变差，胎宝宝睁开了眼睛 **173**

孕 27 周
孕妈妈便秘加重，胎宝宝能分辨味道

胎宝宝的体重增加会让孕妈妈的后背受压，引起后背和腿部的剧烈疼痛。因为子宫胀大压迫肠道，便秘可能会加重。

小家伙的气管和肺部还未发育完全，但是呼吸动作仍在继续。胎宝宝舌头上的味蕾已经可以分辨甜味和苦味了。

本周宜忌

1 食用红色蔬菜

红色蔬菜一般是指红色或偏红色的蔬菜，主要含有丰富的 β-胡萝卜素，比如番茄、胡萝卜、红苋菜等。β-胡萝卜素在人体内可转化成维生素 A，它不仅有利于胎宝宝视力的发育，还可帮助孕妈妈预防、缓解便秘。

2 饮食调理减轻便秘

有数据表明，有近半数的孕妈妈正在经历便秘痛苦。禁辛辣食物，多吃富含膳食纤维的食物，如苹果、萝卜、香蕉、蜂蜜、豆类等；每日至少喝 1 000 毫升水，让体内水分充分是减轻便秘的重要方法。平时多活动，可增强胃肠蠕动，睡眠充足、心情愉快等都是减轻便秘的好方法。

3 准备宝宝用品

从孕中期开始，孕妈妈就可以开始准备一些宝宝用品了。孕妈妈在买东西之前，最好向有经验的妈妈取经。如果方便，最好多请教几位妈妈，综合她们的意见，买真正需要的东西。宝宝长得快，那些小衣服小鞋子很快就穿不上了，小号的奶嘴、纸尿裤也会很快过渡到中号或大号，加上季节更替，一个品种备多了，用不上反而浪费。

4 开始上孕产课

孕妈妈从孕 7~8 月开始，可以去上一个关于孕产的课程。了解得越多，会让自己越自信，这也是与其他孕妈妈交流的好时机。一般社区的医院或妇幼保健院都有孕妇课堂，孕妈妈也可以在网上查找本地区的哪些母婴中心有这种课程，或者让那些生过宝宝的妈妈帮忙推荐。最好找一个离家较近的地方，孕妈妈可以根据自己的时间选择课程。

5 不宜喝糯米甜酒

糯米甜酒和一般酒一样，都含有一定浓度的酒精，只是酒精浓度不如一般酒高。但即使是微量酒精，也会毫无阻挡地通过胎盘进入胎宝宝体内，使胎宝宝大脑细胞的分裂受到影响，可能会影响到胎宝宝的智力发育。所以，孕妈妈不宜饮用含有酒精的饮品，糯米甜酒也不例外。

6 不宜光吃菜

许多孕妈妈认为菜比饭更有营养，所以常常多吃菜而少吃饭，这种观点是错误的。菜和饭都是孕妈妈获取营养素的重要来源，只是各自的侧重点有所不同。米、面等主食，是能量的主要来源，孕中期和孕晚期每天应该摄入足够量的米、面及其制品。

7 不宜吃油腻的食物

在妊娠过程中，孕妈妈消化功能有所下降，抵抗力减弱。如果出现腹泻，会损失大量的营养素，而且肠蠕动容易刺激子宫，引起流产。因此，最好的预防方法是多食用新鲜卫生、易消化的食物，少吃过于油腻的食物，不吃过于刺激和过冷的食物。

素什锦可做凉菜，配米饭，或入面做浇头，口感清淡，有助于改善腹泻症状。

什锦面

忌吃 还想吃 孕期腹泻怎么吃

●孕妈妈如果腹泻了，2~3天内，宜以清淡饮食为主。可以喝点加盐的白粥，建议不要放肉，面条也是不错的选择，不过要注意不要太油腻。

●宜吃些温性的水果，如番石榴、苹果、樱桃等，既不给胃肠带来太大的负担，也能满足对营养的需求。

每天营养餐单

这个阶段，胎宝宝正在积累皮下脂肪，孕妈妈需要存积脂肪来满足自身和胎宝宝的需求，但切忌摄入过多，以免引起体重增加过快。

警惕胆固醇偏高

孕妈妈每天需要摄入约60克的脂肪(包括烧菜用的植物油25克和其他食品中含有的脂肪)，它有益于本月胎宝宝中枢神经系统的发育和维持细胞膜的完整。膳食中如果缺乏脂肪，可导致胎宝宝体重不增加，并影响大脑和神经系统发育。

胆固醇偏高的孕妈妈，每周吃鱼2~3次，多吃谷类等富含膳食纤维的食物，能有效降低低密度脂蛋白胆固醇(对动脉造成损害的一种胆固醇)的含量；而每天吃3~4小份番茄、猕猴桃等富含维生素C的蔬果，能提高高密度脂蛋白胆固醇(具有清洁疏通动脉功能的一种胆固醇)的含量，从而保证血管畅通。

草莓中含有的维生素C具有很好的代谢能力，可以降低孕妈妈体内的胆固醇水平。

科学食谱推荐

星期	早餐（二选一）		加餐
一	小米粥 鸡蛋 豆包	什锦麦片 馒头 苹果	粗粮饼干 牛奶
二	鸡蛋羹 花卷 香蕉	香菇青菜面 芝麻烧饼	核桃 草莓
三	蛋炒饭 牛奶 凉拌番茄	全麦面包 牛奶 草莓	松子
四	木耳粥 鸡蛋 凉拌黄瓜	豆角焖米饭 凉拌番茄	牛奶燕麦片
五	火腿奶酪三明治 黄瓜	胡萝卜小米粥 家常鸡蛋饼	猕猴桃
六	牛奶梨片粥 菜包	雪菜肉丝汤面	粗粮饼干
日	八宝粥 豆包 鸡蛋	菠菜鸡肉粥 土豆饼	火腿奶酪三明治

本周食材购买清单

肉类：鲈鱼、羊肉、牛肉、猪肉、虾仁、带鱼、鱿鱼、鸡肉等。

蔬菜：菠菜、山药、番茄、紫菜、土豆、茄子、西蓝花、香菇、青菜、木耳、西葫芦、芦笋、口蘑、丝瓜、金针菇、空心菜、胡萝卜等。

水果：葡萄、香蕉、柠檬、草莓、火龙果、菠萝、梨等。

其他：鸡蛋、燕麦、豆腐、开心果、核桃、杏仁、松子、玉米粒、豌豆、红枣、红豆等。

中餐（二选一）		晚餐（二选一）		加餐
米饭 菠菜炒鸡蛋 清蒸鲈鱼	米饭 什锦烧豆腐 山药羊肉汤	花卷 番茄焖牛腩 虾皮紫菜汤	米饭 土豆炖牛肉 红烧茄子	开心果 葡萄
牛肉焖饭 蒜蓉西蓝花 紫菜汤	馒头 京酱西葫芦 口蘑肉片	米饭 葱爆鱿鱼 芦笋口蘑汤	米饭 山药五彩虾仁 凉拌海带丝	全麦面包 梨汁酸奶
米饭 虾仁腰果炒黄瓜 香菇豆腐汤	米饭 青椒炒肉丝 白菜炖豆腐	花卷 香菇炒菜花 牛蒡炒肉丝	米饭 油焖茄条 时蔬鱼丸	粗粮饼干 柠檬蜂蜜饮
米饭 红烧带鱼 白萝卜海带汤	菠萝虾仁烩饭 椒盐玉米	牛肉卤面 蒜蓉空心菜	排骨汤面 丝瓜金针菇	火龙果
米饭 肉末蒸蛋 蜜汁南瓜	米饭 西蓝花烧双菇 甜椒牛肉丝	蛋炒饭 橄榄炒四季豆 鱼头木耳汤	青菜粥 糖醋圆白菜 猪肝拌黄瓜	核桃 酸奶
米饭 土豆炖牛肉 蒜蓉西蓝花	米饭 香菇油菜 孜然鱿鱼	米饭 松子青豆炒玉米 肉片炒木耳	米饭 海带排骨汤 芦笋炒百合	水果沙拉
米饭 鲜蘑炒豌豆 菠菜鱼片汤	米饭 松子玉米 平菇炒蛋	三鲜汤面 芸豆烧荸荠	米饭 清蒸排骨 西蓝花拌黑木耳	红豆西米露

肉末蒸蛋

什锦麦片

西蓝花拌黑木耳

早餐 什锦麦片

原料： 即食燕麦片 100 克，核桃 50 克，杏仁、葡萄干、榛子各 20 克，白糖、植物油各适量。

做法： ❶榛子、杏仁、核桃、葡萄干剁碎，放入锅中干炒，炒至出香盛出备用。❷油锅烧热，翻炒即食燕麦片至变色，加入白糖继续翻炒，翻炒至褐色，加入坚果碎，翻炒均匀放凉密封。❸随吃随取，用热牛奶冲泡即可。

中餐 肉末蒸蛋

原料： 鸡蛋 2 个，猪肉（三成肥七成瘦）50 克，水淀粉、盐、葱花、生抽、植物油各适量。

做法： ❶将鸡蛋打散，放入盐和适量清水搅匀，上锅蒸熟；猪肉洗净剁成末。❷油锅烧热，放入肉末，炒至松散出油，加入葱花、生抽及水，用水淀粉勾芡后，浇在蒸好的鸡蛋上即可。

晚餐 西蓝花拌黑木耳

原料： 西蓝花 200 克，水发黑木耳、胡萝卜各 20 克，蒜末、生抽、陈醋、白糖、盐、香油、植物油各适量。

做法： ❶水发黑木耳洗净，撕小朵；西蓝花切小朵，入盐水浸泡，捞出洗净；胡萝卜洗净，去皮，切丝；生抽、陈醋、白糖、香油、蒜末调成料汁。❷清水加植物油、盐烧开，分别焯烫黑木耳、西蓝花、胡萝卜，捞出过凉，沥干。❸将食材摆盘，淋上料汁，拌匀即可。

早餐 菠菜鸡肉粥

原料： 菠菜 150 克，鸡肉、粳米各 50 克，盐适量。

做法： ❶粳米洗净；菠菜洗净，沸水中焯熟，切成段；鸡肉洗净，切丁。❷锅中放入粳米和适量的水，大火煮沸后改小火熬煮。❸待粥煮至黏稠时，放入鸡肉丁，煮熟；加入菠菜段，最后用盐调味。

中餐 松子玉米

原料： 玉米粒 150 克，豌豆 50 克，胡萝卜 1 根，松子 5 克，盐、植物油各适量。

做法： ❶玉米粒洗净；豌豆洗净；胡萝卜洗净，切丁。❷油锅烧热，下松子翻炒片刻，取出冷却。❸油锅中加玉米粒、豌豆、胡萝卜丁翻炒，出锅前加盐调味，撒上熟松子即可。

晚餐 芦笋口蘑汤

原料： 芦笋 4 根，口蘑 10 朵，甜椒 2 个，葱花、盐、香油、植物油各适量。

做法： ❶将芦笋洗净，切成段；口蘑洗净，切片；甜椒洗净，切菱形片。❷油锅烧热，下葱花煸香，放芦笋、口蘑、甜椒略炒，加适量清水煮 5 分钟，再放入盐调味。❸最后淋上香油即可。

松子玉米

菠菜鸡肉粥

芦笋口蘑汤

孕 28 周

孕妈妈出现水肿，胎宝宝会做梦了

从本周到孕 36 周，每 2 周至少要做 1 次产前检查。当孕妈妈出现水肿时，请不用太担心，通常在产后就会消失了。

胎宝宝的体重在本周已经超过 1 千克了。从孕 28 周左右开始，胎宝宝开始有了周期性睡眠，并会做梦了。

本周宜忌

1 春天吃点香椿

香椿是香椿树的嫩芽，含有丰富的维生素 C、维生素 E、β-胡萝卜素等，可以健脾开胃、增强免疫力，并有润滑肌肤的作用，不仅可以给孕妈妈提供营养，还是孕妈妈保健美容的天然食品。春天香椿上市的时候，孕妈妈可尝尝鲜，适当吃点香椿。

2 每周吃 1~2 次猪腰

猪腰是孕妈妈补充铁、磷、硒等矿物质和 B 族维生素的极好食物，但在处理猪腰的时候，要将肾上腺去除，即平时说的腰臊。因为它富含皮质激素和髓质激素，孕妈妈吃了容易诱发妊娠水肿、高血压或糖尿病等。而且孕妈妈每次食用猪腰不要过量，每周吃 1~2 次，每次 50 克即可。

3 多吃绿叶菜

绿叶菜富含维生素 C、胡萝卜素、钾、镁和膳食纤维，淀粉含量极低，几乎不含脂肪。为孕妈妈提供孕期所必需营养素的同时，又不易增加体重，对于孕期体重增加过快的孕妈妈尤其有益处。

4 保护手腕

孕妈妈的手指和手腕有时会有一种针刺及灼热的感觉，这是因为怀孕时体内聚集的大量额外体液储存在手腕的韧带内，从而造成手腕肿胀。孕妈妈白天应减少手的活动量，运用手腕工作时多注意姿势，比如用电脑打字时让手腕自然放平。

5 不宜把副乳塞进内衣

有些孕妈妈在怀孕后，会长出类似乳头的副乳，用力挤还会流出奶水。很多孕妈妈把副乳当成赘肉，为了消除它，穿内衣时一定要把它塞进内衣。这种方法是错误的，因为副乳上也有乳腺组织，长期挤压容易引发乳腺炎。有副乳的孕妈妈要选择宽松的内衣，最好是侧边加宽加高的那种，可以包住整个胸部，保护乳房。

6 不宜多吃腐竹

腐竹虽然是一种蛋白质丰富的优质豆制品，每100克腐竹含有54.2克蛋白质，但是腐竹的热量比其他豆制品要高，每100克腐竹中就有8.1克碳水化合物和27.2克脂肪。所以孕妈妈不宜多吃腐竹，以免体重增长过快，或者在食用腐竹的时候，适当减少肉类和油脂的摄入。

7 不宜吃未煮熟的土豆

蔬菜有些可以生吃，有些必须熟吃。土豆中含有大量的淀粉，必须煮熟吃，否则其中的淀粉粒破裂不了，人体无法消化。为了能够健康地、最大程度地利用蔬菜中的营养，孕妈妈可以根据蔬菜的营养成分，来决定蔬菜的吃法。

忌吃 还想吃 **熟吃、汆烫吃和生吃的蔬菜**

●含有淀粉的蔬菜，如土豆、芋头、山药等必须熟吃；扁豆和四季豆，食用时一定要煮熟透变色；无论是凉拌还是烹炒，豆芽一定要煮熟才能吃。

●西蓝花、菜花等含有丰富的膳食纤维，汆烫过后口感更好，也更容易消化；菠菜、竹笋、茭白等蔬菜含有较多的草酸，汆烫一下可以去掉一部分草酸；芥菜汆烫一下味道更好，且能促进消化吸收；莴笋、荸荠最好先削皮、洗净，开水汆烫后再吃。

●胡萝卜、白萝卜、番茄、黄瓜、大白菜心等蔬菜，生吃不损失营养，最好选择无公害的绿色蔬菜和有机蔬菜。

茭白白嫩脆爽、香菇鲜美开胃，入沸水焯烫后再烹饪，可去除茭白的草酸和香菇的涩味。

香菇炒茭白

每天营养餐单

由于胎盘分泌的激素，和肾上腺分泌的醛固酮增多，易造成孕妈妈体内水钠滞留，导致尿量减少，从而引发水肿。此时，在饮食上要控制钠盐的摄入。

每日 6 克盐为宜

如果孕妈妈吃盐过多，就会加重水肿且使血压升高，甚至引起心力衰竭等疾病。但是如果长期低盐或不能从食物中摄取足够的钠时，就会使人食欲不振、疲乏无力、精神萎靡，严重时发生血压下降，甚至引起昏迷。孕妈妈每日的摄盐量以 6 克为宜，建议每天先准备好 6 克盐，做菜时取用，用完不追加。

除了盐为我们提供钠，我们从食物和调味品中也摄入了钠。食物和调味品中含钠较多的有：玉米片、泡黄瓜、青橄榄、海藻、虾、酱油、番茄酱等，孕妈妈要适量吃。要预防水肿，孕妈妈可以吃一些利尿的食物，比如南瓜、冬瓜、菠萝、葡萄等。

冬瓜有利尿功效，可预防和减轻孕期水肿。

科学食谱推荐

星期	早餐（二选一）		加餐
一	芝麻粥 鸡蛋 蔬菜沙拉	全麦面包 牛奶	粗粮饼干 苹果
二	香菇菜心鸡蛋面	芝麻烧饼 豆浆	核桃 苹果
三	肉松面包 牛奶 苹果	燕麦南瓜粥 豆包 草莓	榛子 酸奶
四	凉拌黄瓜 海带焖饭	火腿奶酪三明治 苹果	酸奶草莓布丁
五	全麦面包 牛奶 猕猴桃	三鲜馄饨 花卷	蔬菜沙拉
六	豆腐脑 鸡蛋 苹果	咸蛋黄烩饭 凉拌番茄	粗粮饼干 酸奶
日	粳米绿豆南瓜粥 鸡蛋	番茄鸡蛋面 花卷	核桃 香蕉酸奶

肉类：虾仁、猪肉、牛肉、鳜鱼、鸡肉、带鱼、鲈鱼、排骨等。

蔬菜：小白菜、紫菜、芹菜、香椿、香菇、油菜、土豆、番茄、黄豆芽、冬瓜、菠菜、芦笋、南瓜、胡萝卜、西蓝花等。

水果：苹果、草莓、香蕉、木瓜、雪梨等。

其他：芝麻、鸡蛋、香干、开心果、豆腐、红枣、榛子、百合、绿豆、海带等。

中餐（二选一）		晚餐（二选一）		加餐
米饭 虾仁豆腐 紫菜汤	烙饼 青椒炒肉丝 香干炒芹菜	米饭 焖牛肉 香椿拌豆腐	豆角肉丁面 香菇油菜	水果拌酸奶 开心果
米饭 甜椒炒牛肉 家常焖鳜鱼	豆腐馅饼 虾仁西葫芦 清炒油菜	土豆饼 香干炒芹菜 百合炒牛肉	米饭 清蒸鲈鱼 番茄鸡蛋汤	全麦面包 牛奶
米饭 什锦烧豆腐 洋葱炒牛肉	米饭 丝瓜金针菇 排骨海带汤	番茄鸡蛋面 香菇油菜 抓炒鱼片	红枣鸡丝糯米饭 家常焖鳜鱼 凉拌土豆丝	红豆西米露
米饭 五香带鱼 凉拌土豆丝	鸡丝面 蒜蓉茄子 番茄炒鸡蛋	米饭 糖醋虾 紫菜蛋汤	海带焖饭 芦笋炒百合 排骨冬瓜汤	紫菜包饭
黑豆饭 糖醋莲藕片 爆炒鸡肉	米饭 西蓝花烧双菇 胡萝卜烧牛肉	米饭 菠菜炒鸡蛋 鲜蘑炒豌豆	米饭 炖排骨 珊瑚白菜	芝麻糊 香蕉
米饭 甜椒牛肉丝 凉拌素什锦	米饭 家常焖鳜鱼 蒜香黄豆芽	米饭 香菇油菜 豌豆鸡丝	米饭 青椒土豆丝 糖醋排骨	奶炖木瓜雪梨
豆腐馅饼 凉拌黄瓜 排骨海带汤	米饭 虾仁西葫芦 青椒土豆丝	米饭 芹菜炒百合 肉丝银芽汤	馒头 干煎带鱼 三丁豆腐羹	全麦面包 牛奶

孕 28 周 孕妈妈出现水肿，胎宝宝会做梦了

爆炒鸡肉

QUAL

粳米绿豆南瓜粥

土豆饼

早餐 粳米绿豆南瓜粥

原料： 粳米 50 克，绿豆 20 克，南瓜 100 克。

做法： ❶南瓜洗净，切块；将粳米、绿豆淘洗干净。❷将粳米、绿豆放入锅中，加适量水，小火煮至七成熟，放入南瓜，待南瓜熟透后即可食用。

中餐 爆炒鸡肉

原料： 鸡肉 200 克，胡萝卜、土豆、香菇各 30 克，盐、酱油、干淀粉、植物油各适量。

做法： ❶胡萝卜、土豆洗净，去皮，切块；香菇洗净，切片；鸡肉洗净，切丁，用酱油、干淀粉腌 10 分钟。❷油锅烧热，放入鸡丁翻炒，再放入胡萝卜块、土豆块、香菇片，加适量水，煮至土豆绵软，加盐调味。

晚餐 土豆饼

原料： 土豆、西蓝花各 50 克，面粉 100 克，盐、植物油各适量。

做法： ❶土豆洗净，去皮，切丝；西蓝花洗净，焯烫，切碎；土豆丝、西蓝花碎、面粉、盐、适量水放在一起搅匀。❷将搅拌好的土豆饼糊倒入煎锅中，用油煎成饼。

早餐 海带焖饭

原料： 粳米、海带各30克，盐适量。

做法： ❶将粳米淘洗干净；海带洗净，切成小块。❷锅中放入粳米和适量水，用大火烧沸后放入海带块，小火煮至米粒熟软，加盐调味。❸最后盖上锅盖，用小火焖15分钟即可。

中餐 洋葱炒牛肉

原料： 牛腩150克，洋葱25克，鸡蛋清1个，酱油、盐、白糖、水淀粉、植物油各适量。

做法： ❶牛腩洗净，切丝；洋葱去皮，洗净，切丝。❷牛腩丝中加入鸡蛋清、盐、白糖、水淀粉搅拌均匀。❸油锅烧热，放入牛腩丝、洋葱煸炒，调入酱油，加盐调味。

晚餐 三丁豆腐羹

原料： 豆腐100克，鸡肉50克，番茄1个，鲜豌豆、盐、香油各适量。

做法： ❶豆腐切块；鸡肉洗净，切丁；番茄洗净去皮，切丁；豌豆洗净。❷将豆腐块、鸡肉丁、番茄丁、豌豆放入锅中，加适量清水，大火煮沸后，转小火煮20分钟。❸出锅时加入盐，淋上香油即可。

洋葱炒牛肉

海带焖饭

三丁豆腐羹

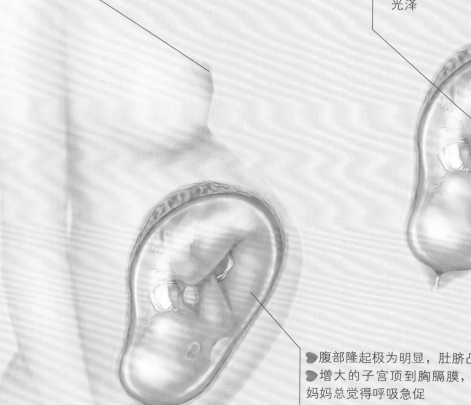

◗乳房更加丰满
◗乳腺明显扩张
◗有少量乳汁分泌，孕妈妈要用手挤出

◗孕 29 周，胎宝宝的眼睛已发育完全
◗孕 30 周，能通过声音分辨孕妈妈和准爸爸了
◗孕 33 周到分娩，是胎宝宝智力发育的重要阶段
◗孕 36 周，胎毛逐渐消退，皮肤有了光泽

◗腹部隆起极为明显，肚脐凸出
◗增大的子宫顶到胸膈膜，使孕妈妈总觉得呼吸急促
◗胎位下降，开始出现无规律的假宫缩

孕晚期

经过了不长不短的安稳、平静之后，孕妈妈和胎宝宝终于走到了孕晚期。从现在起到分娩只有 2 个多月了，是不是有一种马上要见到曙光的感觉呢？不过，更大的考验还在后面，保持良好心态，合理饮食，相信自己一定能孕育出健康的宝宝！

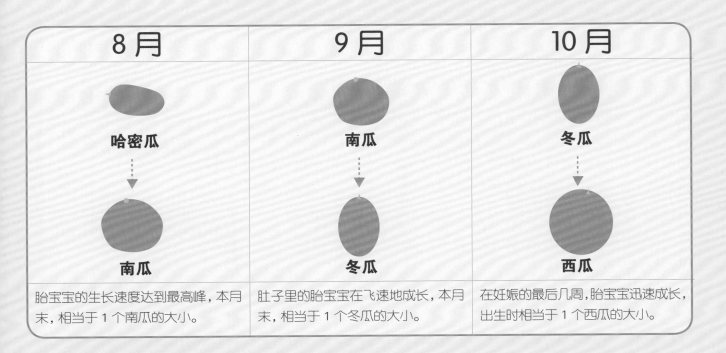

8 月	9 月	10 月
哈密瓜	南瓜	冬瓜
↓	↓	↓
南瓜	冬瓜	西瓜
胎宝宝的生长速度达到最高峰，本月末，相当于 1 个南瓜的大小。	肚子里的胎宝宝在飞速地成长，本月末，相当于 1 个冬瓜的大小。	在妊娠的最后几周，胎宝宝迅速成长，出生时相当于 1 个西瓜的大小。

孕 29 周

孕妈妈出现假宫缩，胎宝宝会眨眼了

孕妈妈身体更加笨重，走路时身体后仰，看不到脚，有时候，会觉得肚子一阵阵地发紧，这是假宫缩，属于正常现象。

本周，胎宝宝重约 1.1 千克，身长约 38.5 厘米。小家伙的视觉发育已经相当完善，能辨认和跟踪光源了，还会眨眼呢。

本周宜忌

1 不同种萝卜换着吃

白萝卜中含有钙、铁、磷、叶酸等，这些都是孕妈妈和胎宝宝必需的营养。胡萝卜富含 β - 胡萝卜素，可以预防夜盲症，也可以促进胎宝宝的视力发育。青萝卜富含维生素 C，能干扰黑色素的形成，预防色素沉淀，保持皮肤白皙，它还能促进孕妈妈机体代谢，提高免疫力。因此，萝卜对孕妈妈来说是一种营养丰富的食物。

2 每次 1 勺芝麻酱

芝麻酱中含有丰富的蛋白质、钙、铁、磷、维生素 B_2 等，这些都是孕妈妈及胎宝宝生长发育所需的营养素。每 100 克纯芝麻酱含铁量高达 58 毫克，是猪肝含铁量的 2 倍、鸡蛋黄的 6 倍；每 100 克纯芝麻酱中还含钙 870 毫克。孕妈妈在膳食中适量增加芝麻酱的摄入，可帮助补充铁。孕妈妈早餐吃面包时，可配上 1 勺芝麻酱。

3 要继续补铁

在现阶段，孕妈妈每天所需的铁量为 20~30 毫克，补铁的同时补充维生素 C，可促进铁的吸收。蔬菜中的植酸、草酸，以及茶、咖啡都会抑制孕妈妈对铁的吸收，补铁的时候，要避免和这些食物一同烹制和食用。

4 区分真假宫缩

孕 29 周左右，孕妈妈就会出现假宫缩的现象。假宫缩一般没有规律，程度时弱时强，时间间隔也不会越来越小。宫缩的疼痛部位通常只在前方，不能引起宫颈口张开。而真正的宫缩会从不规律慢慢变得有规律，强度会越来越强，持续时间会加长，间隔时间会越来越短。如刚开始间隔时间 10~15 分钟，持续 10 秒左右，慢慢就会变成间隔 2~3 分钟，持续 50~60 秒。这就是真的宫缩，表示即将分娩。

5 不宜吃蜜饯

当没有食欲的时候，一些孕妈妈会通过食用蜜饯来刺激味觉，这种做法是不合适的。因为蜜饯大多含有大量的糖分、添加剂和防腐剂，过多食用会对孕妈妈的身体造成危害。比如长期过量摄入人工色素，会对肝脏和肾脏带来危害；二氧化硫会破坏人体内的维生素 B_1，引发哮喘、支气管痉挛等。所以，孕妈妈最好别吃蜜饯一类的食物。

6 每天吃坚果不宜超过50克

坚果中含有丰富的矿物质和坚果油，对身体健康极有好处，但由于孕妈妈在孕晚期消化功能相对变弱，而坚果中丰富的油脂不利于消化，孕妈妈吃太多坚果容易引起消化不良，因此宜少吃，每天食用坚果以不超过50克为宜。

7 不宜营养过剩

孕晚期孕妈妈如果摄入过多的热量，可能会导致葡萄糖耐受异常，糖代谢紊乱，引发妊娠糖尿病，还有可能增加妊娠高血压综合征发生的风险，直接导致分娩困难。如果孕妈妈身体是健康的，就没有必要盲目乱补。平时所吃食物尽量多样化，多吃一些新鲜蔬菜，少吃高盐、高糖食物，高糖水果也要控制，不能多吃。

孕晚期，每日可增加2个土豆，因为其热量低于谷类食物，可作为主食，与鸡蛋、面粉做成饼，适合早餐食用。

土豆蛋饼

忌吃 还想吃

孕晚期补充营养怎么吃

● 每天需要主食300~350克，蛋类50~100克，肉类200克，牛奶250~500毫升，豆类及豆制品50~100克，新鲜蔬菜500~750克，时令水果100克，植物油30克。

● 为预防贫血和产后哺乳的需要，要注重铁的补充，每日以补铁35毫克为佳，每周至少吃1次动物肝脏。

● 少食多餐，坚持每天进食5~6餐。

每天营养餐单

孕妈妈需要的硒不多，但不可缺少。硒对孕妈妈血管健康和将来的分娩都有重要的作用。因此，孕妈妈同样不可忽视硒的补充。

补硒有助降血压

在孕晚期，胎宝宝体重的增加约为出生前的 70%，除满足胎宝宝生长发育所需要的营养素外，孕妈妈还要注重自身的健康，预防妊娠水肿、妊娠高血压等疾病，还要为分娩做好准备。硒作为人体必需的微量元素，可以帮助孕妈妈完成这些"工作"。

含硒丰富的食物有动物肝脏、海产品（如海带、紫菜、鱿鱼、牡蛎等）、虾、瘦肉、蔬菜、粳米、小麦、牛奶以及各种菌类。此外，硒和维生素 E 搭配有协同互补的作用，孕妈妈可以使用富含维生素 E 的植物油来烹调食物。

虾含有丰富的硒，能增强孕妈妈的机体免疫功能，还可降低血清胆固醇含量。

科学食谱推荐

星期	早餐（二选一）		加餐
一	土豆鸡蛋饼 豆浆	红枣小米粥 豆包	苹果
二	三鲜馄饨 西葫芦饼	五仁粳米粥 鸡蛋	开心果 橙子
三	玉米胡萝卜粥 鸡蛋	全麦面包 牛奶 蔬菜沙拉	水果拌酸奶
四	芝麻烧饼 豆浆	南瓜油菜粥 鸡蛋	粗粮饼干 猕猴桃香蕉汁
五	三鲜馄饨 鸡蛋	牛奶燕麦粥 鸡蛋	核桃 香蕉
六	菜包 鸡蛋 豆浆	糯米红豆馅团子 牛奶	猕猴桃西米露
日	全麦面包 牛奶	蛋煎馒头片 牛奶	百合莲子桂花饮

本周食材购买清单

肉类：牛肉、猪肉、鳜鱼、鸡肉、牡蛎、盐水鸭肝、排骨、带鱼、黄花鱼、虾仁、鱿鱼等。

蔬菜：白萝卜、香菇、油菜、番茄、茼蒿、土豆、白菜、空心菜、冬瓜、芥菜、芹菜、南瓜等。

水果：苹果、橙子、菠萝、香蕉、猕猴桃等。

其他：鸡蛋、豆腐、豆腐干、开心果、玉米粒、莲子、板栗、核桃等。

中餐（二选一）		晚餐（二选一）		加餐
米饭 什锦烧豆腐 番茄鸡片	米饭 酱牛肉 番茄鸡蛋汤	米饭 家常焖鳜鱼 香菇油菜	三鲜汤面 芸豆烧荸荠	粗粮饼干 牛奶
米饭 鱿鱼炒茼蒿 白萝卜海带汤	豆腐馅饼 肉末炒芹菜 宫保素三丁	米饭 番茄炒蛋 菜心炒牛肉	馒头 冬瓜排骨汤 牡蛎炒生菜	全麦面包 牛奶
蛋炒饭 盐水鸭肝 芹菜竹笋肉丝汤	米饭 青椒炒肉丝 油焖茄条	米饭 香豉牛肉片 芥菜豆腐汤	香菇鸡汤面 蒜蓉空心菜	板栗糕
馒头 松子爆鸡丁 紫菜汤	米饭 板栗扒白菜 葱爆甜椒牛肉	菠萝虾仁烩饭 油菜香菇汤	排骨汤面 香菇豆腐塔	全麦面包 牛奶
米饭 百合炒牛肉 番茄焖豆腐	米饭 爆炒鸡肉 凉拌豆腐干	杂粮蔬菜瘦肉粥 红烧带鱼	花卷 豆角小炒肉 土豆海带汤	紫菜包饭
米饭 芝麻圆白菜 牛腩炖莲藕	荞麦凉面 菠菜鸡煲	米饭 口蘑肉片 蒜蓉空心菜	番茄面疙瘩 豆豉鱿鱼	火腿奶酪三明治
米饭 什锦烧豆腐 清蒸黄花鱼	米饭 肉片炒香菇 清炒茼蒿	牛肉卤面 海米海带丝	米饭 宫保素三丁 黑椒鸡腿	苏打饼干 牛奶水果饮

孕 29 周 孕妈妈出现假宫缩，胎宝宝会眨眼了

早餐 蛋煎馒头片

原料： 馒头 1 个，鸡蛋 2 个，黑芝麻、植物油各适量。

做法： ❶馒头切片；鸡蛋打散。❷馒头片用蛋液包裹。❸油锅烧热，放入馒头片，撒上黑芝麻，双面煎至金黄色即可。

中餐 芹菜竹笋肉丝汤

原料： 芹菜 100 克，竹笋、肉丝、盐、干淀粉、高汤、料酒各适量。

做法： ❶芹菜择洗干净，切段；竹笋洗净，切丝；肉丝用盐、干淀粉腌 5 分钟。❷高汤倒入锅中煮开后，放入芹菜、笋丝，加适量清水煮至芹菜软化，再加入肉丝。❸待汤煮沸加入料酒，肉熟透后加入盐调味即可。

晚餐 黑椒鸡腿

原料： 去骨琵琶腿 4 个，香菇片、洋葱丁、青椒丁、葱花、姜片、蒜片、黑胡椒、生抽各适量。

做法： ❶去骨琵琶腿洗净，用葱花、姜片、蒜片、生抽腌制。❷去除去骨琵琶腿表面水分，鸡皮向下放入无油热锅，小火煎至金黄色，翻面煎至变色，加入黑胡椒，利用鸡油炒香。❸加水，大火烧开，中火炖煮，放入香菇片、洋葱丁、青椒丁，收汁关火，鸡腿盛出切条即可。

一日三餐举例

黑椒鸡腿

芹菜竹笋肉丝汤

蛋煎馒头片

豆豉鱿鱼

南瓜油菜粥

凉拌豆腐干

早餐 南瓜油菜粥

原料： 粳米 50 克，南瓜半个，油菜 2 棵，盐适量。

做法： ❶南瓜去皮，去瓤，洗净切成小丁；油菜洗净，切丝；粳米淘洗干净。❷锅中放粳米、南瓜丁，加适量水煮熟，最后加油菜、盐略煮即可。

中餐 凉拌豆腐干

原料： 豆腐干 100 克，葱花、香菜、盐、香油各适量。

做法： ❶豆腐干洗净，切成细条；香菜洗净，切小段。❷将豆腐干与葱花、香菜混合，再加盐、香油拌匀即可。

晚餐 豆豉鱿鱼

原料： 鱿鱼 1 条，豆豉酱、彩椒、葱段、姜片、蒜片、植物油、盐各适量。

做法： ❶鱿鱼去内脏、眼、嘴，撕黑膜，内层切花刀，切片；彩椒洗净，切片。❷鱿鱼入沸水锅，焯至变白卷起，捞出沥干。❸油锅烧热，爆香葱段、姜片、蒜片，加入豆豉酱翻炒均匀，放入彩椒、鱿鱼，大火翻炒变色，加盐调味即可。

孕 30 周

孕妈妈脾气变差了，胎宝宝骨骼变硬

这一时期，孕妈妈的情绪可能会再次产生波动，或者感到越来越焦虑和烦躁，你可以和家人多交流交流。

本周，胎宝宝大概有 37 厘米长，体重约 1.5 千克。胎宝宝的骨髓开始造血，骨骼也开始变硬。

本周宜忌

1 出门要躲车躲人

在孕晚期，建议孕妈妈尽量少出门，因为随时都有破水的可能。如果一定要出去的话，就要时刻关注肚子里的胎宝宝。走在路上时，注意用手护住肚子，或者在胸前挎一个包，用来挡住肚子，并时刻留心，不要让过往的人撞到自己。在等车时，孕妈妈要尽量远离站台边缘。上车时，不要和别人争抢，等其他人上完后再慢慢上车。

2 注意胎位

这时的胎宝宝，可以自己在孕妈妈的肚子里变换体位。有时头朝上，有时头朝下，还没有固定下来。最后，大多数胎宝宝都会因头部较重，而以头朝下就位。如果需要纠正的话，产前体检时医生会给予你适当的指导。

3 要常吃金针菇

金针菇含有蛋白质、铁、钙、维生素等营养成分，尤其是它所含的蛋白质，大部分为有健脑益智功效的赖氨酸。孕妈妈适量食用金针菇，对胎宝宝的大脑发育十分有益。

4 要常吃茭白

茭白富含蛋白质、碳水化合物、膳食纤维、B 族维生素及钙、铁、锌等营养成分，有清热解毒、解暑消渴的作用。孕妈妈适量食用一些茭白，可以预防妊娠高血压综合征和妊娠水肿。搭配着猪肉一起食用，能够获得更加均衡的营养。

5 不宜多吃洋葱

洋葱含有多种营养素，能抗寒，也能抵御流感病毒，具有较强的杀菌作用。但洋葱比较辛辣，肠胃不适的孕妈妈不宜生吃。同时因为洋葱性温，孕妈妈也最好不要多吃，以免生痔疮。

6 不宜多吃山竹

山竹果肉富含膳食纤维、碳水化合物、维生素及镁、钙、磷、钾等矿物质。中医认为其有清热降火、减肥润肤的作用。山竹虽然富含膳食纤维，但同时也含有鞣酸，过多食用会引起便秘。孕妈妈如果吃山竹，一定要注意数量，每天吃的山竹量以不超过3个为宜。

7 不宜吃刺激性食物

刺激性食物不单单是辣味食物，还包括各种辛辣调味品，如葱、姜、蒜、辣椒、胡椒粉、咖喱，以及咖啡、浓茶、碳酸饮料和寒凉的食物。在孕期，孕妈妈的身体变得很敏感，再加上抵抗力较差，应该注意远离这些刺激性食物。

蒸熟的南瓜口感软糯，点缀红枣、调入蜜汁，味道清甜，作为日常菜品或加餐甜品，都是不错的选择。

蜜汁南瓜

 忌吃 还想吃 过敏体质孕妈妈怎么吃

● 海鲜、牛奶、鸡蛋、花生、芒果、菠萝、石榴易引起过敏，孕妈妈要慎食。

● 一旦出现由食物导致的皮肤过敏发痒症状，要及时从最近1~2天所吃的食物中找出过敏原，以后避免食用这些易导致过敏的食物。

● 孕妈妈可以从食物中摄取维生素C和类黄酮，及早提高自身的抗过敏水平，如西蓝花、荠菜、胡萝卜、南瓜、番茄、西瓜、紫葡萄、柑橘、草莓、樱桃、李子等。

每天营养餐单

胎宝宝已经在肝脏和皮下储存糖原及脂肪了。如果碳水化合物摄入不足，将造成蛋白质缺乏或者出现酮体过多，因此，孕妈妈应保证碳水化合物的摄入量。

保证每日 300 克主食

孕妈妈的碳水化合物需求量应占总热量的 50%~60%。孕晚期，孕妈妈如果每周体重增加 350 克左右，说明碳水化合物摄入量合理；如果体重增长过快，则应减少摄入量，并以蛋白质来代替，否则过多的碳水化合物会转化成脂肪储存在体内。

一般说来，孕妈妈每日摄入的主食应达到 300 克，种类不能太单一。孕妈妈可以将米、面、杂粮、干豆类掺杂食用，粗细搭配。玉米、小米、红豆、红薯、山药等谷薯类粗杂粮，营养价值比较高，还能有效延缓餐后血糖大幅波动。

红薯是低脂肪、低热量的食物，可搭配米、面作为孕妈妈的主食。

科学食谱推荐

星期	早餐（二选一）		加餐
一	玉米粥 凉拌海带丝 鸡蛋	三明治 牛奶 香蕉	牛奶水果饮
二	芝麻烧饼 豆浆 水果沙拉	全麦面包 牛奶 蔬菜沙拉	开心果
三	八宝粥 鸡蛋 苹果	番茄面疙瘩 蒸红薯	核桃
四	蛋炒饭 牛奶 香蕉	红薯小米粥 馒头 鸡蛋	榛子 牛奶
五	三鲜馄饨 家常鸡蛋饼	牛奶红豆粥 鸡蛋	核桃 香蕉
六	面包 牛奶 水果沙拉	圆白菜粥 鸡蛋	苹果玉米汤
日	什锦面 凉拌番茄	牛肉蒸饺 生菜西蓝花	牛奶燕麦片

本周食材购买清单

肉类：鳝鱼、带鱼、排骨、虾仁、鲈鱼、鸡肉、黄花鱼、羊排、牛肉等。

蔬菜：番茄、茄子、草菇、杏鲍菇、山药、黄瓜、空心菜、圆白菜、胡萝卜、芥蓝、油菜、生菜、西蓝花、黄豆芽、土豆、莲藕、香菇、菠菜、芹菜等。

水果：草莓、猕猴桃、橙子、苹果等。

其他：海带、鸡蛋、红薯、豆腐、红枣、花生、开心果、燕麦、芋头等。

中餐（二选一）		晚餐（二选一）		加餐
米饭 鸡蛋羹 炒鳝丝	鸡丝面 蒜蓉茄子 番茄炒鸡蛋	米饭 孜然羊排 香菇豆腐汤	米饭 海带排骨汤 美味杏鲍菇	榛子 草莓
米饭 牛腩炖莲藕 凉拌土豆丝	荞麦凉面 山药五彩虾仁	菠菜鸡蛋饼 香干炒芹菜 紫菜汤	青菜汤面 清蒸鲈鱼 凉拌黄瓜	粗粮饼干 猕猴桃汁
米饭 蜜汁山药 棒骨海带汤	馒头 干煎带鱼 紫菜汤	米饭 甜椒牛肉丝 素什锦	米饭 蒜蓉空心菜 草菇烧芋圆	水果拌酸奶
米饭 鲜蘑炒豌豆 菠菜鱼片汤	豆角焖米饭 胡萝卜炒鸡蛋	菠萝虾仁烩饭 油菜香菇汤	虾仁汤面 香菇豆腐塔	花生 橙子
米饭 百合炒牛肉 番茄焖豆腐	米饭 爆炒鸡肉 凉拌豆腐干	番茄鸡蛋面 土豆焖牛肉 白灼芥蓝	排骨汤面 糖醋圆白菜	紫菜包饭
黑豆饭 糖醋莲藕片 香菇山药鸡	米饭 黄花鱼豆腐煲 西蓝花烧双菇	猪血鱼片粥 菠菜炒鸡蛋 清炒黄豆芽	咸蛋黄烩饭 土豆牛肉丝 海带豆腐汤	开心果
米饭 什锦烧豆腐 山药排骨汤	胡萝卜菠菜鸡蛋饭 肉丝银芽汤	粳米粥 香菇油菜 豌豆鸡丝	胡萝卜小米粥 土豆饼 毛豆烧芋头	水果沙拉

黄花鱼豆腐煲

番茄面疙瘩

糖醋圆白菜

早餐 番茄面疙瘩

原料： 番茄 2 个，鸡蛋 1 个，面粉 120 克，盐、植物油各适量。

做法： ❶番茄洗净，去皮，切碎；面粉加清水搅拌成面糊；鸡蛋打散。❷油锅烧热，放入番茄翻炒至出汤。❸加清水煮沸，边搅拌边加入面糊，再次煮沸，加入打散的鸡蛋，加盐调味即可。

中餐 黄花鱼豆腐煲

原料： 黄花鱼 1 条，香菇 4 朵，笋片 20 克，豆腐 100 克，高汤、料酒、盐、白糖、香油、水淀粉、植物油各适量。

做法： ❶将黄花鱼处理干净，切成两段。❷豆腐切小块；香菇洗净，切片。❸黄花鱼放入油锅中，煎至两面皮色金黄时，加料酒、白糖、笋片、香菇、高汤烧沸，放入豆腐，转小火，炖至熟透，用水淀粉勾芡，加盐，淋入香油即可。

晚餐 糖醋圆白菜

原料： 圆白菜 200 克，姜末、白糖、醋、盐、植物油各适量。

做法： ❶圆白菜洗净，切小片。❷油锅烧热，下姜末煸出香味，倒入圆白菜片炒至半熟。❸加白糖、醋调味，炒至食材全熟加盐即可。

早餐 牛肉蒸饺

原料： 牛肉馅300克，饺子皮、盐、酱油、香油各适量。

做法： ❶牛肉馅加盐、酱油、香油调味。❷将牛肉馅包入饺子皮，做成饺子。❸饺子上笼蒸熟即可。

中餐 胡萝卜炒鸡蛋

原料： 鸡蛋2个，胡萝卜1根，盐、植物油各适量。

做法： ❶胡萝卜洗净，切丝；鸡蛋打入碗中，加入适量盐，搅拌打散。❷油锅烧热，放入胡萝卜丝，炒3~4分钟，至胡萝卜丝变软。❸另起油锅，将鸡蛋液倒入锅中，快速划散成鸡蛋块。❹将炒好的鸡蛋倒入盛胡萝卜的锅中，翻炒几下，调入盐，翻炒均匀。

晚餐 白灼芥蓝

原料： 芥蓝250克，枸杞子、蒜泥、姜丝、酱油、白糖、盐、植物油各适量。

做法： ❶芥蓝洗净；酱油、白糖、姜丝、盐加清水混合成料汁。❷芥蓝入加了植物油的沸水中焯烫，捞出过凉沥干，放入盘中。❸将蒜泥、枸杞子放在芥蓝上，料汁烧开浇在芥蓝上，植物油烧热，浇在蒜泥上即可。

牛肉蒸饺

白灼芥蓝

胡萝卜炒鸡蛋

孕30周 孕妈妈脾气变差了，胎宝宝骨骼变硬 **199**

孕 31 周
孕妈妈有时很健忘，胎宝宝体重增加迅速

有的孕妈妈发现，自己变得很健忘，这是正常现象，不用担心。

现在胎宝宝的肺部和消化系统已接近成熟，皮下脂肪也在不断积累，体重增加迅速。小家伙的脸已经不那么皱巴巴了。

本周宜忌

1 吃香蕉缓解疲劳

香蕉中的糖分可以很快转化为葡萄糖，被孕妈妈快速吸收，为孕妈妈提供能量。香蕉中的镁，能帮助孕妈妈缓解疲劳。香蕉虽好，但孕妈妈在食用的时候也要注意，香蕉性寒，脾胃虚寒的孕妈妈要慎食，以免引起腹泻。可以把香蕉切成片放进麦片粥里，也可以搭配牛奶、全麦面包一起做早餐。

2 要多吃油质鱼

孕妈妈多吃油质鱼，例如沙丁鱼、三文鱼等，能帮助胎宝宝视力全面发展。因为油质鱼类富含一种构成神经膜的要素，被称为 ω-3 脂肪酸，而 ω-3 脂肪酸含有的 DHA 与大脑内视神经的发育密切相关。

3 对胎宝宝要多听多说

胎宝宝已经具备听力水平，正在逐渐熟悉孕妈妈腹壁以外的世界。孕妈妈多听音乐的同时，也要多和胎宝宝说话，儿歌、小故事、古诗、日常情境都可以说给胎宝宝听。这个时期的语言内容，将成为胎宝宝以后的语言学习基础。

4 起床动作要缓慢

到了孕晚期，为了避免发生早产，任何过猛的动作都是不被允许的。孕妈妈起床时，如果睡姿是仰卧的，应当先将身体转向一侧，弯曲双腿的同时转动肩部和臀部，再慢慢移向床边，用双手撑在床上，双腿滑到床下，坐在床沿上，稍坐片刻以后再慢慢起身站立。此外，睡醒之后，应在床上继续躺 3~5 分钟，待脑部血液供应充足之后再起床。

5 禁止性生活

孕晚期，孕妈妈腹部明显增大，身体笨重，腰背酸痛，子宫敏感性增加，任何外来刺激或轻度冲击都可能引起子宫收缩。此外，孕晚期胎宝宝发育接近成熟，子宫下降，子宫口逐渐张开，羊水感染的可能性较大，所以不宜进行性生活。

6 不宜吃速冻食品

速冻食品方便快捷，但在营养和卫生方面，不易达到孕妈妈的饮食要求。食品速冻后，其中的脂肪会缓慢氧化，维生素也在缓慢分解。因此，速冻食品的营养价值无法和新鲜的食材相比。过多地食用此类食品，会造成孕妈妈和胎宝宝营养的缺乏。

7 不宜饭后马上吃水果

食物进入胃里需要一两个小时的时间来消化，如果饭后立即吃水果，先到达胃的食物会阻碍胃对水果的消化。水果在胃里积滞时间过长会发酵产生气体，容易引起腹胀、腹泻或便秘等症状，对孕妈妈和胎宝宝的健康不利。

相比于市售的速冻食物，家庭自制的馄饨、饺子更有营养。

萝卜虾泥馄饨

忌吃 还想吃 **饭前、饭后吃水果有讲究**

●孕妈妈在饭前或者饭后半小时吃水果，可以适时补充维生素。

●香蕉、橙子、圣女果、柠檬不宜空腹食用，可在饭后半小时后食用或食用前吃几块饼干、面包。

每天营养餐单

孕妈妈若想孕育出一个健康的宝宝,需借助铜的一臂之力。它保障了孕妈妈心脏和血液的健康,并促进了胎宝宝骨骼的强化与大脑的发育。

板栗可以为孕妈妈补充铜,1 次 3~5 枚即可。

少量补铜

众所周知,铁是孕妈妈造血的重要原料,但铁元素要成为红血球中的一部分,有赖于含铜的活性物质——血浆铜蓝蛋白的氧化作用。如果孕妈妈体内缺铜,血浆铜蓝蛋白的浓度会降低,从而导致铁难以转化,诱发贫血症。

胎宝宝在孕晚期吸收铜最多,孕妈妈需保证每日 0.9 毫克的铜摄入量。含铜较多的食物有:橘子、苹果、板栗、芝麻、红糖、香菇、海鲜(特别是水生有壳类动物,如牡蛎)、动物肝脏、红色肉类、豆类、小米、玉米、绿色蔬菜等。

科学食谱推荐

星期	早餐（二选一）		加餐	
一	小米粥 花卷 鸡蛋	肉松面包 蔬菜沙拉 牛奶	开心果 橘子	
二	燕麦南瓜粥 豆包	蛋炒饭 牛奶 凉拌番茄	全麦面包 酸奶	
三	山药豆浆粥 蜜汁南瓜	三鲜馄饨 菜包	水果拌酸奶	
四	豆腐脑 芝麻烧饼 凉拌番茄	山药牛奶燕麦粥 馒头 香蕉	苹果	
五	全麦面包 牛奶 苹果	鲜肉馄饨 生菜沙拉	山药糊	
六	番茄面片汤 南瓜饼	胡萝卜小米粥 家常鸡蛋饼	榛子 猕猴桃香蕉汁	
日	火腿奶酪三明治 苹果	芝麻汤圆 煎茄子饼	百合莲子桂花饮	

本周食材购买清单

肉类：鸡翅、鲈鱼、猪肉、鲫鱼、鸡肉、猪肝、虾仁、牛肉、牡蛎等。

蔬菜：草菇、西葫芦、茭白、扁豆、山药、茄子、西蓝花、冬瓜、菠菜、芹菜、紫菜、白萝卜、香菇等。

水果：草莓、菠萝、苹果、芒果、猕猴桃、香蕉、火龙果等。

其他：豌豆、鸡蛋、开心果、板栗、松子、玉米、海带、鹌鹑蛋、豆腐、莲子、百合、小米、绿豆等。

中餐（二选一）		晚餐（二选一）		加餐
米饭 草菇烧芋圆 菠萝鸡翅	米饭 清蒸鲈鱼 鲜蘑炒豌豆	馒头 京酱西葫芦 肉丝银芽汤	米饭 茭白炒蛋 凉拌海带丝	粗粮饼干 酸奶
米饭 糖醋白菜 鲫鱼冬瓜汤	米饭 蒜蓉菠菜 香菇山药鸡	牛肉焖饭 香菇炒菜花 紫菜汤	米饭 芦笋炒山药 西蓝花鹌鹑蛋汤	芒果
米饭 猪肉焖扁豆 蒜香黄豆芽	米饭 油焖茄条 时蔬鱼丸	米饭 西蓝花烧双菇 松子爆鸡丁	菠菜鸡蛋饼 香干炒芹菜 紫菜汤	火腿奶酪三明治
米饭 百合炒牛肉 白萝卜海带汤	米饭 什锦烧豆腐 山药排骨汤	鸡丝面 蒜蓉茄子 番茄炒鸡蛋	米饭 猪肝拌黄瓜 豆芽汤	苏打饼干 酸奶
豆腐馅饼 银耳拌豆芽 棒骨玉米汤	蛋炒饭 家常焖鳜鱼 芸豆烧荸荠	馒头 鸡脯扒小白菜 豌豆玉米丁	米饭 清蒸茄丝 番茄炖豆腐	蛋卷 牛奶
米饭 宫保鸡丁 菠菜蛋花汤	米饭 什锦西蓝花 红烧鲤鱼	面条 板栗烧牛肉 葱油萝卜丝	海带焖饭 香菇豆腐	牛奶燕麦片
米饭 香菇油菜 芹菜牛肉丝	花卷 青椒豆干 蒜蓉牡蛎	米饭 虾仁腐竹 松子青豆炒玉米	杂粮蔬菜瘦肉粥 菠菜炒鸡蛋 鲜蘑炒豌豆	火龙果西米露

孕 31 周 孕妈妈有时很健忘，胎宝宝体重增加迅速　**203**

豌豆玉米丁

山药豆浆粥

菠萝鸡翅

早餐 山药豆浆粥

原料： 粳米 100 克，豆浆 250 克，山药 50 克，冰糖适量。

做法： ❶粳米淘洗干净；山药洗净，去皮，切丁，蒸熟。❷锅中加入粳米、白开水、豆浆煮沸，加入山药丁、冰糖，煮至粳米开花即可。

中餐 菠萝鸡翅

原料： 鸡翅 5 个，菠萝半个，白糖、盐、料酒、高汤、植物油各适量。

做法： ❶鸡翅清洗干净，沥干水分；菠萝果肉切小块；油锅烧热，放入鸡翅，煎至两面金黄后取出。❷锅内留底油，加白糖，炒至溶化并转金红色，再倒入鸡翅，加入盐、料酒、高汤，大火煮开。❸加入菠萝块，转小火炖至汤汁浓稠即可。

晚餐 豌豆玉米丁

原料： 豌豆 120 克，胡萝卜 100 克，玉米粒 80 克，水发黑木耳、盐、水淀粉、植物油各适量。

做法： ❶豌豆、玉米粒洗净；胡萝卜洗净，去皮，切丁；黑木耳切末。❷油锅烧热，加玉米粒、豌豆、胡萝卜丁、黑木耳末一同翻炒。❸加盐调味，炒至食材全熟时淋水淀粉勾薄芡即可。

早餐 煎茄子饼

原料： 茄子 200 克，面粉、盐、植物油各适量。

做法： ❶茄子洗净，切细丝，撒盐腌制 1 分钟。
❷将面粉与茄子丝混合，加适量水，加盐搅匀。
❸油锅烧热，把面糊在锅中摊成圆形，煎至两面金黄即可。

中餐 芹菜牛肉丝

原料： 牛肉 50 克，芹菜 150 克，水淀粉、白糖、盐、姜末、葱花、植物油各适量。

做法： ❶牛肉洗净，切丝，加盐、水淀粉腌制 1 小时左右；芹菜择叶，去根，洗净，切段。❷油锅烧热，下姜末、葱花煸香，然后加入腌制好的牛肉丝和芹菜翻炒，可适当加一点清水。❸出锅前淋水淀粉勾薄芡，放入适量白糖、盐调味即可。

晚餐 西蓝花鹌鹑蛋汤

原料： 西蓝花 100 克，鹌鹑蛋 4 个，番茄 1 个，香菇 2 朵，盐适量。

做法： ❶西蓝花洗净，切小朵。❷鹌鹑蛋煮熟，去壳；香菇洗净，切十字刀；番茄洗净，切块。❸将香菇、鹌鹑蛋、西蓝花、番茄块加水，同煮至熟，加盐调味即可。

芹菜牛肉丝

西蓝花鹌鹑蛋汤

煎茄子饼

孕 32 周
孕妈妈下腹坠胀，胎宝宝具备呼吸能力

由于胎宝宝在腹中的位置不断下降，孕妈妈会感到下腹坠胀，消化功能可能也变差了。

胎宝宝体重大概有 1.8 千克了，身长约 40 厘米。小家伙的各个器官继续发育、逐步完善，已经具备呼吸能力了。

本周宜忌

1 要多吃西蓝花
西蓝花富含维生素 C，每 100 克西蓝花中维生素 C 含量为 56 毫克，而每 100 克番茄中维生素 C 含量才 19 毫克。此外，西蓝花中含有丰富的钾、钙、铁、硒、锌等矿物质，能对胎宝宝的心脏起到很好的保护作用。

2 吃紫色蔬菜预防眼疲劳
紫色蔬菜中含有一种特别的物质——花青素。花青素除了具备很强的抗氧化、预防高血压等作用之外，还有改善视力、预防眼睛疲劳等功效。对于孕妈妈来说，花青素还是预防衰老的好帮手，其良好的抗氧化能力能帮助调节自由基。长期使用电脑或者看书多的孕妈妈更应多摄取。

3 吃煮熟的黑豆
黑豆能养血疏风，有解毒利尿、明目养精的功效。孕妈妈如果有上火、头痛、水肿、阴虚烦热等不适，都可以吃些黑豆。生黑豆中有一种抗胰蛋白酶的成分，会影响蛋白质的消化吸收，引起腹泻。但是黑豆烹制熟了以后，这种抗胰蛋白酶就会被破坏，对人体就不会有副作用了。

4 高龄孕妈妈要回家待产
高龄孕妈妈是指年龄在 35 岁以上的孕妈妈，由于身体素质降低，心理负担也会加重。所以到了孕晚期，高龄孕妈妈要提前回家待产。大部分医生认为，高龄孕妈妈从孕 32 周开始就不宜再工作。这个时候，孕妈妈的心脏、肺脏及其他重要器官必须更辛苦地工作，且对脊柱、关节和肌肉形成沉重的负担。此时，应尽可能让身体休息。

5 不宜常用猪油炒菜

猪油的饱和脂肪酸和胆固醇含量高，长期用猪油炒菜，易导致肥胖，增加罹患高脂血症和心脑血管疾病的可能性。不过猪油炒菜比较香，容易激发食欲，我们在日常饮食中要以植物油为主，猪油为辅。

6 不宜带"情绪"上班

临近分娩，各种不适和对分娩的恐惧都会让孕妈妈压力很大，情绪容易波动。孕妈妈要谨记，无论工作中遇到什么问题，都要以平静的心态面对。孕妈妈不妨在孕晚期多摄取一些富含B族维生素、维生素C、镁、锌的食物，如深海鱼等，通过饮食的调节来达到抗压及抗焦虑的目的。

7 不宜独自去产检

从孕晚期起，孕妈妈需要每2周做1次产检；孕36周后，则会变为1周1次。产检次数的增加、身体负重达到极限，有些孕妈妈下肢水肿的情况更加严重，给行动造成了诸多的不便。此时，准爸爸一定要陪在孕妈妈的身边，给予精神上和行动上的支持。如果自己脱不开身，也要确定有家人陪同前往。

芹菜与牛肉搭配，香味浓郁，可让孕妈妈保持好胃口，还有助于缓解焦虑。

芹菜牛肉丝

忌吃 还想吃　选择最好的食用油

● 喜欢用猪油炒菜的孕妈妈，建议按猪油与植物油1:2的比例来混合烹制菜肴。

● 常用食用油中，单不饱和脂肪酸含量最高的是橄榄油，其次是花生油、玉米油、大豆油等。但是橄榄油比较适合低温、凉拌等，玉米油和花生油等则比较适合加热至高温。孕妈妈在选择食用油时尽量要选择不饱和脂肪酸含量高的，也要注意根据烹饪用途加以选择。

每天营养餐单

胎宝宝越来越"沉"，孕妈妈会感到下腹坠胀，消化功能有可能变差了。此时，便秘是比较常见的症状，孕妈妈要注重膳食纤维的摄入来预防和应对便秘。

吃易消化的粥

膳食纤维可以把有害、有毒的物质带出体外，还有促进排泄胆固醇、降低糖吸收率的作用。因此，摄入足够的膳食纤维能够预防便秘以及体重增加过快。孕期膳食纤维每日推荐量为 20~30 克，而超重或有便秘症状的孕妈妈则应摄入 30~35 克。孕妈妈宜从大量不同的食物中获得膳食纤维，这些食物的来源包括燕麦、扁豆、蚕豆、水果以及轻微烹制的蔬菜。

孕妈妈现在也可以吃些易于消化吸收的粥和汤菜。在做粥的时候，可以根据自己的口味和具体情况添加配料，或配一些小菜、肉食一起吃；还可以根据自己的饮食习惯，熬得稠一些或稀一些。

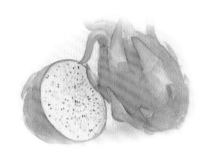

火龙果含有丰富的膳食纤维和维生素，可帮助孕妈妈防治便秘。

科学食谱推荐

星期	早餐（二选一）		加餐	
一	素包 豆浆	胡萝卜小米粥 鸡蛋	粗粮饼干	
二	牛奶红枣粥 蛋煎馒头片	银鱼煎蛋饼 苹果玉米汤	开心果 草莓	
三	牛奶核桃粥 鸡蛋	圆白菜粥 豆包	粗粮饼干 酸奶	
四	全麦面包 牛奶	玉米粥 鸡蛋	苹果	
五	花卷 鸡蛋 豆浆	萝卜虾泥馄饨 家常鸡蛋饼	牛奶燕麦片	
六	什锦面 板栗糕	全麦面包 牛奶	红豆西米露	
日	小米红枣粥 煎茄子饼 鸡蛋	火腿奶酪三明治 猕猴桃汁	橘瓣银耳羹	

本周食材购买清单

肉类：牛肉、猪肉、黄花鱼、鸡肉、虾仁、银鱼、三文鱼、排骨、鲫鱼、鳗鱼等。

蔬菜：香菇、油菜、菜花、木耳、青菜、西蓝花、菠菜、南瓜、白萝卜、莲藕、黄瓜、胡萝卜、圆白菜、扁豆、番茄等。

水果：草莓、葡萄、苹果、火龙果、橘子、猕猴桃等。

其他：海带、鸡蛋、百合、豆腐、开心果、核桃、玉米、燕麦、红豆、甜豆等。

中餐（二选一）		晚餐（二选一）		加餐
米饭 百合炒牛肉 海带豆腐汤	米饭 猪肉焖扁豆 香菇炒菜花	米饭 清蒸鳗鱼 西蓝花烧双菇	木耳炒面 青菜蛋汤	水果拌酸奶
米饭 蒜蓉空心菜 排骨豆芽汤	米饭 油焖茄条 时蔬鱼丸	香菇鸡汤面 胡萝卜炒豌豆	米饭 番茄炖豆腐 三丝木耳	全麦面包 酸奶
米饭 清炒蚕豆 番茄炒鸡蛋	米饭 鸡脯扒油菜 紫菜汤	米饭 香菇油菜 鲫鱼丝瓜汤	胡萝卜小米粥 南瓜蒸肉	葡萄
米饭 干烧黄花鱼 宫保素三丁	米饭 虾仁腰果炒黄瓜 糖醋莲藕片片	平菇小米粥 海带烧黄豆	米饭 番茄烧茄子 小米蒸排骨	紫菜包饭
米饭 什锦西蓝花 煎带鱼	米饭 南瓜蒸肉 板栗扒白菜	米饭 蘸酱菜 白萝卜海带汤	排骨汤面 油焖茄条	火龙果
米饭 香煎三文鱼 蜜汁南瓜	米饭 莲藕炖牛腩 香菇油菜	百合粥 香菇豆腐塔 番茄鸡片	牛肉焖饭 紫菜虾皮豆腐汤	草莓酸奶布丁
米饭 双椒里脊丝 百合炒甜豆	什锦饭 猪肉焖扁豆	雪菜肉丝汤面 凉拌素什锦	米饭 珊瑚白菜 五香带鱼	水果拌酸奶

孕 32 周 孕妈妈下腹坠胀，胎宝宝具备呼吸能力

莲藕炖牛腩

圆白菜粥

清蒸鳗鱼

早餐 圆白菜粥

原料： 圆白菜半棵，菠菜1棵，粳米80克，盐适量。

做法： ❶将菠菜和圆白菜洗净，切碎并焯熟。❷将粳米放入锅内，加入适量清水，大火煮至半熟，再加入菠菜和圆白菜同煮。❸当蔬菜煮烂之后放适量盐调味。

中餐 莲藕炖牛腩

原料： 牛腩、莲藕各100克，红豆、姜片、盐各适量。

做法： ❶牛腩洗净，切块，略煮一下，取出沥干。❷莲藕洗净，切块；红豆洗净，用清水浸泡。❸将牛腩、莲藕、红豆、姜片放入锅中，加适量清水用大火煮沸。❹转小火慢慢煲熟，加盐调味即可。

晚餐 清蒸鳗鱼

原料： 鳗鱼200克，火腿50克，香菇4朵，盐、料酒、姜汁、醋、香油、胡椒粉、清汤各适量。

做法： ❶鳗鱼去皮、尾、内脏，洗净；香菇洗净，切片；火腿切片。❷鳗鱼用沸水焯后，将肉划开1厘米的片，但不要切断。❸鱼肉用盐、料酒、姜汁腌制入味。❹将香菇和火腿加入鳗鱼片中，入蒸锅蒸10分钟。❺盐、姜汁、醋、香油调成味汁。❻清汤烧沸，加入胡椒粉，盛出浇在鳗鱼肉上，最后淋上味汁即可。

早餐 银鱼煎蛋饼

原料: 银鱼 100 克,鸡蛋 2 个,葱花、姜末、盐、植物油各适量。

做法: ❶鸡蛋打散。❷油锅烧热,爆香葱花、姜末,放入银鱼煸炒至银鱼变白,捞出放入打散的鸡蛋中,撒上葱花、盐搅拌均匀。❸油锅烧热,倒入鸡蛋液,凝固即可。

中餐 百合炒甜豆

原料: 甜豆 100 克,百合 1 头,盐、植物油各适量。

做法: ❶甜豆洗净,从中间斜切分两段;百合洗净,两头切刀,散成小片。❷甜豆放入滚水中氽烫 1 分钟,捞出,放入凉水中浸泡片刻。❸油锅烧热,倒入甜豆翻炒,再放入百合,至百合变透明,加盐调味即可。

晚餐 紫菜虾皮豆腐汤

原料: 紫菜 1 片,豆腐 1 块,虾皮、盐、香油、植物油各适量。

做法: ❶将豆腐洗净,切小块。❷油锅烧热,放入虾皮炒香,倒入清水烧开。❸放豆腐、紫菜煮 2 分钟,加入盐和香油调味即可。

紫菜虾皮豆腐汤

百合炒甜豆

银鱼煎蛋饼

孕33周

孕妈妈情绪紧张，胎宝宝胎动减少

临近分娩，孕妈妈容易出现产前紧张，要注意调节好情绪。

现在，胎宝宝在孕妈妈的子宫里已经没有多少活动的空间了，胎动次数会比之前有所下降。

本周宜忌

1 要适当吃零食

越到孕晚期，孕妈妈越想靠吃零食来缓解内心的紧张情绪。在紧张工作或学习的间隙吃点零食，可以转移注意力，使精神得到更充分的放松。零食的选择范围很广，但对孕妈妈来说，最好避免高盐、油炸、膨化食品等，孕妈妈可选择酸奶、坚果等零食来缓解紧张的情绪。

2 吃新鲜的鳝鱼

每100克鳝鱼肉中含蛋白质18克、脂肪1.4克、钙42毫克、磷206毫克、铁2.5毫克等。鳝鱼是高蛋白、低脂肪食物，能补中益气，治虚疗损。孕妈妈适量吃鳝鱼可以预防妊娠期高血压和妊娠期糖尿病。需要注意的是，不新鲜的鳝鱼会滋生大量的细菌和毒素，所以食用的鳝鱼一定要是鲜活的。

3 准备待产包

胎宝宝马上就要来了，没有准备待产包的孕妈妈和准爸爸一定要抓紧时间。如果孕妈妈不知道该准备些什么，不妨听听过来人怎么说，一般而言，衣物和配方奶粉必不可少。已经准备了待产包的孕妈妈和准爸爸也要再次检查一下。

4 申请产假

按照国家的规定，孕妈妈产假不可少于98天，孕妈妈现在可以开始计划休产假了。如果孕妈妈感觉身体笨重，上班都吃力，可以和单位商量提前休产假。休产假后每天在家，孕妈妈也可以给自己找点事做，比如做点小手工，清点一下宝宝用品是否已经全部准备好。如果是二胎妈妈，还要和大宝宝多沟通，让大宝宝对即将发生的事有所了解。

5 不宜过量吃李子

李子营养丰富，具有生津止渴、清肝除热、利尿等功效。李子虽好却不可贪多。李子含大量的果酸，吃多了不仅容易引起胃病、诱发龋齿，还会生痰、助湿、伤脾胃，甚至使人发虚热、头昏脑涨。所以孕妈妈应少吃李子，脾胃虚弱的孕妈妈最好不吃。

6 不宜天天喝浓汤

孕晚期不宜天天喝浓汤，即脂肪含量很高的汤，如猪蹄汤、鸡汤等。因为过多的高脂食物不仅让孕妈妈身体发胖，还会增加肠胃负担。比较适宜的汤是富含蛋白质、维生素、钙、磷、铁、锌等营养素的清汤，如瘦肉汤、蔬菜汤、蛋花汤、鲜鱼汤等。而且要保证汤和肉一块吃，这样才能真正摄取到营养。

7 睡前不宜吃胀气食物

有些食物在消化过程中会产生较多的气体，从而产生腹胀感，影响孕妈妈睡眠。如蚕豆、洋葱、青椒、茄子、土豆、红薯、芋头、玉米、面包、香蕉、柑橘类水果和甜点等，孕妈妈要避免睡前食用这些食物。

鱼头的鲜美、丝瓜的清甜、豆腐的醇厚全部融在一锅汤内，食用时可撇去汤面的浮油，避免摄入过多油脂。

丝瓜鱼头豆腐汤

忌吃 还想吃 睡前饿了怎么吃

● 清淡的粥、蔬菜汤非常适合孕妈妈睡前食用，既营养美味又容易消化。
● 银耳有助睡眠，是孕晚期滋补品首选，孕妈妈睡前可以喝点银耳羹，羹内加入几颗莲子。

每天营养餐单

对于胎宝宝来说，维生素 C 可以预防发育不良，还可使皮肤变得细腻。孕期推荐量为每日130 毫克，基本上 2 个猕猴桃或 1 个柚子就能满足需求。

柚子中的维生素 C 能淡化孕妈妈的妊娠斑，使皮肤细润、光滑。

坚持补充维生素 C

维生素 C 能够帮助加固由胶原质构成的羊膜，在孕期，如果孕妈妈缺乏维生素 C 会增加羊膜早破的概率。然而，妊娠过程中母体血液的维生素 C 含量是逐渐下降的，分娩时仅为孕早期的一半，因此，孕妈妈在孕期需保证足够的维生素 C 摄入，这样可以让孕妈妈在分娩时更加安全。

维生素 C 需求量高而利用率低，很容易因摄入不足引起维生素 C 的缺乏。孕晚期，孕妈妈要根据医生的诊断来决定是否需要服用维生素 C 制剂，同时多吃富含维生素 C 的蔬菜水果，如番茄、猕猴桃、柚子等。

科学食谱推荐

星期	早餐（二选一）		加餐
一	玉米粥 豆包 鸡蛋	番茄鸡蛋面 土豆饼	开心果 橙子
二	全麦面包 牛奶 蔬菜沙拉	平菇小米粥 菜包 鸡蛋	芝麻糊
三	小米粥 花卷 鸡蛋	芝麻烧饼 豆浆	全麦面包 酸奶
四	三鲜馄饨 家常鸡蛋饼	芝麻山药粥 鸡蛋	猕猴桃
五	西蓝花牛肉意面 苹果汁	牛奶核桃粥 鸡蛋	粗粮饼干 柚子
六	全麦面包 牛奶 蔬菜沙拉	菠菜鸡肉粥 芝麻烧饼	葵花子 柠檬蜂蜜饮
日	香煎豆渣饼 芦笋口蘑汤	全麦面包 水果酸奶	橘瓣银耳羹

本周食材购买清单

肉类：牛肉、猪肉、鲈鱼、带鱼、黄花鱼、排骨、鸡肉、三文鱼、鳝鱼、鸭血等。

蔬菜：土豆、番茄、圆白菜、豆角、空心菜、西蓝花、白萝卜、南瓜、芦笋、香菇、胡萝卜、菠菜、茄子、莲藕、芹菜等。

水果：橙子、猕猴桃、橘子、柠檬、苹果、柚子等。

其他：玉米粒、鸡蛋、开心果、豆腐、芝麻、鹌鹑蛋、海带、葵花子、银耳等。

中餐（二选一）		晚餐（二选一）		加餐
米饭 什锦烧豆腐 葱爆甜椒牛柳	番茄鸡蛋面 香菇油菜	豆角肉丁面 芝麻圆白菜	米饭 炒鳝鱼丝 蒜蓉空心菜	粗粮饼干 酸奶
米饭 芦笋鸡丝汤 青椒炒玉米	米饭 鹌鹑蛋烧肉 什锦西蓝花	米饭 糖醋莲藕片片 五香带鱼	荞麦凉面 番茄鸡片	水果拌酸奶
米饭 蘸酱菜 南瓜蒸肉	虾肉蒸饺 白萝卜海带汤	香菇荞麦粥 干烧黄花鱼	米饭 油焖茄条 土豆炖牛肉	榛子 苹果
米饭 青椒土豆丝 芹菜金钩拌香干	馒头 红烧带鱼 三丁豆腐	五彩什锦炒饭 彩椒三文鱼串 土豆海带汤	香菇肉粥 海带烧黄豆	全麦面包 酸奶
米饭 西蓝花烧双菇 松子爆鸡丁	米饭 青椒炒肉丝 香干炒芹菜	米饭 胡萝卜炒豌豆 清蒸鲈鱼	米饭 糖醋莲藕片片 鸭血豆腐汤 素什锦	紫菜包饭
米饭 蒜蓉空心菜 棒骨海带汤	米饭 胡萝卜炖肉 蛋花汤	木耳粥 红烧鲫鱼 油焖茄条	燕麦南瓜粥 豌豆鸡丝	蛋卷
米饭 鱼香茄子 番茄鸡片	米饭 肉末蒸蛋 南瓜土豆泥	小米粥 莲藕蒸肉 松子玉米	荞麦凉面 白萝卜排骨汤	红豆西米露

彩椒三文鱼串

南瓜土豆泥

西蓝花牛肉意面

早餐 西蓝花牛肉意面

原料： 通心粉、西蓝花、牛肉各100克，柠檬半个，盐、橄榄油、植物油各适量。

做法： ❶西蓝花洗净，掰小朵；牛肉切碎，用盐腌制。❷油锅烧热，放入腌好的牛肉碎，翻炒至呈深褐色；另起一锅，加水烧开，放入通心粉，快煮熟时放入西蓝花，全部煮好时捞出沥干。❸煮熟的通心粉和西蓝花盛入盘中，撒上牛肉碎，淋上橄榄油，挤入适量柠檬汁即可。

中餐 南瓜土豆泥

原料： 土豆1个，南瓜50克，牛奶3勺。

做法： ❶土豆洗净，去皮，切成丁；南瓜洗净后去皮，切成丁。❷将土豆丁、南瓜丁装盘，放入锅中，加盖隔水蒸10分钟。❸取出蒸好的南瓜和土豆，倒入碗内，加入牛奶，用勺子压成泥即可。

晚餐 彩椒三文鱼串

原料： 三文鱼150克，青、黄、红彩椒各半个，柠檬汁、黑胡椒粉、蜂蜜、盐、橄榄油各适量。

做法： ❶三文鱼用凉开水冲洗干净，擦干水分，切块；彩椒切片。❷三文鱼加柠檬汁、盐、蜂蜜腌制15分钟。❸用竹签将三文鱼和彩椒串好。❹油锅烧热，放入三文鱼串，煎炸至三文鱼变色，撒上黑胡椒粉即可。

早餐 香煎豆渣饼

原料： 豆渣、面粉各 100 克，鸡蛋 1 个，青菜、白胡椒粉、盐、植物油各适量。

做法： ❶青菜洗净焯烫，切碎；鸡蛋打散，加入豆渣、青菜碎、盐、白胡椒粉搅拌均匀，再加入面粉搅拌成面团。❷手上蘸清水，取适量面团做成圆饼状。❸油锅烧热，小火煎炸面团至两面金黄色即可。

中餐 芹菜金钩拌香干

原料： 芹菜 200 克，香干 3 片，黄豆芽 25 克，蒜末、生抽、蚝油、白糖、白醋、香油、盐各适量。

做法： ❶芹菜择洗干净，切成段；香干切丝；黄豆芽泡发。❷香干及黄豆芽入沸水锅中煮 1 分钟，芹菜焯 10 秒。❸将芹菜、香干、黄豆芽入凉开水浸泡 5 分钟，捞出沥干。❹将所有食材调料均匀搅拌，装盘即可。

晚餐 莲藕蒸肉

原料： 猪瘦肉 150 克，鸡蛋清 50 克，莲藕 200 克，葱花、姜末、干淀粉、生抽、盐各适量。

做法： ❶莲藕洗净，去皮，切成厚片。❷猪瘦肉加入鸡蛋清、姜末、盐、干淀粉、生抽、水，用力搅拌均匀。❸肉馅逐一塞入莲藕的小孔中，放入盘中，入蒸锅隔水蒸 15 分钟，撒上葱花，用蒸锅热气闷至葱花出香即可。

莲藕蒸肉

芹菜金钩拌香干

香煎豆渣饼

孕34周
孕妈妈水肿严重，胎宝宝头入骨盆

孕妈妈的手、脚、脸肿得可能更厉害了，即使如此，也不要限制水的摄入量，多喝水反而有利于排出身体的多余水分。

此时，胎宝宝体重大约 2.3 千克，小家伙已转为头朝下的姿势，头部已经进入骨盆。如果胎位不正，现在就应该纠正了。

本周宜忌

1 定好宝宝的"出生地"

一般情况下，建议孕妈妈从产检到分娩，最好能选定同一家医院。如果孕妈妈此时才开始挑选分娩医院，就有一些要注意的事项。一般来说，车程在 20 分钟以内，交通良好的医院是最佳选择。医生的水平以及医院的服务如何，凭主观判断和少数几个人的评价是很难确定的。这就需要你们在平时多做些信息收集工作，通过网上的论坛和已经生育过的妈妈的经验进行综合评判和比较。

2 适量吃牛蒡改善便秘

牛蒡是所有根茎类食物中膳食纤维含量最多的，它的水溶性膳食纤维和不溶性膳食纤维各占一半，可以使乳酸菌更活跃，有助于改善便秘。另外，牛蒡还含有丰富的蛋白质、维生素和钙等营养物质。牛蒡凉拌、炒食或煮汤都是不错的选择。

3 常吃荞麦

荞麦中含有被称为人体第一必需氨基酸的赖氨酸，以及锌、铁、锰等矿物质，其膳食纤维的含量比一般的谷物丰富，还含有丰富的维生素 E、烟酸，能够保护孕妈妈的视力和预防脑血管出血，孕妈妈可以常吃。

4 吃菠萝、樱桃缓解静脉曲张

在孕期，孕激素的分泌松弛了血管壁的肌肉而导致静脉曲张。静脉曲张表现为在接近皮肤表面的地方凸出来，有时呈蓝色或紫色，看起来弯弯曲曲的。除了经常散散步，促进血液循环之外，孕妈妈可以吃些菠萝或樱桃来缓解静脉曲张。菠萝含有促使纤维蛋白分解的因子，并能抑制血液凝集；樱桃可帮助增强人体静脉肌肉的弹性。

5 不宜自行在家矫正胎位

自行矫正胎位，这是万万不可的。虽说采取膝胸卧位法慢慢调转胎位，对胎宝宝没有什么影响，但如果有脐带绕颈的情况，调转胎位会有些不利，可能会使脐带绕颈圈数增加或脐带拉紧，影响胎宝宝供血。因此，如果这个时期胎位不正，不要自行矫正，应在医生指导下进行。

6 不宜吃黄芪

黄芪具有益气健脾的功效，与母鸡同炖食用，有滋补益气的作用，是气虚孕妈妈很好的补品。但快要临产的孕妈妈应慎食，以避免孕晚期胎宝宝正常下降的生理规律被干扰，从而造成分娩困难。

7 不宜忌盐

孕晚期，有水肿症状的孕妈妈不宜吃含盐高的食物，但是孕妈妈也不宜忌盐。因为孕妈妈体内新陈代谢比较旺盛，特别是肾脏的过滤功能和排泄功能比较强，钠的流失也随之增多，容易导致孕妈妈食欲缺乏、倦怠乏力。因此，孕晚期孕妈妈摄入盐要适量，不能过多，但也不能完全限制。

带鱼能改善孕妈妈的脾胃虚弱、水肿等症状，油煎后能减轻鱼腥味。

煎带鱼

忌吃还想吃 合理饮食消水肿

● 每日的摄盐量应该控制在 5 克以内。

● 水肿并不是喝水过多所导致的，所以仍然要适量喝水。

● 多吃一些富含钾的食物，如香菇、红枣、土豆、山药、带鱼、香蕉，但每日摄入的钾量应该在 2.5 克左右。

● 适当多吃一些鸡蛋、豆类、谷物、葵花子、花生仁、核桃等富含维生素 B_6 的食物。

● 适当多吃一些水果和蔬菜，对减轻水肿也有一定的作用。

每天营养餐单

孕妈妈在怀孕期间，消化吸收功能增强，维生素 B_{12} 的需要量会增加。若孕妈妈偏食，且出现食欲缺乏、消化不良等症状，需要补充维生素 B_{12}。

不偏食挑食

维生素 B_{12} 与四氢叶酸（一种造血原料）的作用是相互联系的。缺乏维生素 B_{12}，会降低四氢叶酸的利用率，从而导致营养性巨幼红细胞性贫血。如果孕妈妈出现贫血的情况，胎宝宝的畸变率也会增加。而且孕妈妈严重缺乏维生素 B_{12}，胎宝宝也容易缺乏维生素 B_{12}，易导致新生儿患贫血症。

只要孕妈妈不偏食挑食，就不容易缺乏维生素 B_{12}。一般说来，2 杯牛奶（500 毫升）就可以满足孕期一天中维生素 B_{12} 的需求。动物肝脏固然富含维生素 B_{12}，不过还含有大量的胆固醇，所以要吃得适量，不能过多。

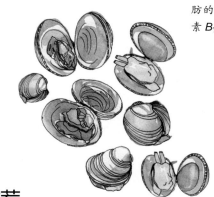

蛤蜊是高蛋白、高矿物质、少脂肪的贝类食物，也是富含维生素 B_{12} 的代表性食物。

科学食谱推荐

星期	早餐 （二选一）		加餐	
一	玉米粥 凉拌海带丝 鸡蛋	三明治 牛奶 香蕉	牛奶水果饮	
二	芝麻烧饼 豆浆 水果沙拉	全麦面包 牛奶 蔬菜沙拉	核桃	
三	燕麦南瓜粥 鸡蛋 苹果	番茄鸡蛋面 花卷	开心果	
四	番茄鸡蛋炒饭 牛奶	小米粥 馒头 鸡蛋	榛子 香蕉	
五	香菇荞麦粥 鸡蛋	八宝粥 鸡蛋	全麦面包	
六	面包 牛奶 水果沙拉	枣莲三宝粥 鸡蛋	苹果玉米汤	
日	什锦面 鸡蛋紫菜饼	牛肉鸡蛋粥 蔬菜沙拉	香蕉银耳羹	

本周食材购买清单

肉类：鱿鱼、鸡肉、带鱼、排骨、猪肉、牛肉、黄花鱼、鲈鱼、鸭肉、蛤蜊等。

蔬菜：番茄、茼蒿、菠菜、芦笋、空心菜、南瓜、黄瓜、茄子、莲藕、香菇、芹菜、胡萝卜、莴笋、青菜、西蓝花、山药、土豆、菜花等。

水果：草莓、猕猴桃、苹果、香蕉、橙子等。

其他：海带、玉米、鸡蛋、榛子、开心果、黑豆、红枣、莲子、荞麦、花生、豌豆等。

中餐（二选一）		晚餐（二选一）		加餐
米饭 鸡蛋羹 鱿鱼炒茼蒿	鸡丝面 蒜蓉茄子 番茄炒鸡蛋	米饭 红烧带鱼 菠菜蛋花汤	香煎米饼 苹果玉米汤 芦笋炒百合	榛子 草莓
米饭 宫保鸡丁 凉拌土豆丝	荞麦凉面 山药五彩虾仁	菠菜鸡蛋饼 香干炒芹菜 紫菜汤	青菜汤面 清蒸鲈鱼 凉拌黄瓜	粗粮饼干 猕猴桃汁
米饭 凉拌黄瓜 排骨海带汤	馒头 干煎带鱼 凉拌番茄	米饭 芹菜炒百合 胡萝卜肉丝汤	米饭 蒜蓉空心菜 番茄豆腐汤	水果拌酸奶
米饭 鲜蘑炒豌豆 菠菜鱼片汤	豆角焖米饭 盐水鸭 菜花沙拉	米饭 甜椒牛肉丝 素什锦	番茄鸡蛋面 香菇油菜	红枣花生蜂蜜饮
米饭 番茄炖牛腩 红烧茄子	米饭 青椒炒肉丝 紫菜蛋花汤	番茄鸡蛋面 土豆焖牛肉 蜜汁豆腐干	排骨汤面 金针莴笋丝	花生 橙子
米饭 糖醋莲藕片 香菇山药鸡	米饭 雪菜黄花鱼汤 西蓝花烧双菇	南瓜粥 糖醋莲藕片 木耳炒山药	黑豆饭 土豆牛肉丝 海带豆腐汤	开心果 草莓
米饭 什锦烧豆腐 山药排骨汤	红枣鸡丝糯米饭 家常焖鳜鱼 凉拌土豆丝	粳米粥 香菇油菜 蛤蜊蒸蛋	胡萝卜小米粥 土豆饼 清蒸鲈鱼	水果沙拉

菜花沙拉

苹果玉米汤

番茄鸡蛋炒饭

早餐 番茄鸡蛋炒饭

原料： 米饭 100 克，番茄 1 个，鸡蛋 1 个，盐、植物油各适量。

做法： ❶米饭打散；鸡蛋加盐打散；番茄洗净，去皮，切丁。❷油锅烧热，倒入鸡蛋炒成蛋花，盛出备用。❸油锅烧热，翻炒番茄至出汁，加入米饭翻炒均匀，放入鸡蛋翻炒，加盐调味即可。

中餐 菜花沙拉

原料： 菜花 300 克，酸奶 200 克，胡萝卜丁、盐各适量。

做法： ❶将菜花洗净，切小块，在开水中加盐煮熟，沥干，放入碗中晾凉。❷酸奶浇在菜花上，用胡萝卜丁点缀即可。

晚餐 苹果玉米汤

原料： 苹果 1 个，玉米半根。

做法： ❶苹果洗净，去核，去皮，切块；玉米剥皮洗净后，切成块。❷把玉米、苹果放入汤锅中，加适量水，大火煮开，再转小火煲 40 分钟即可。

早餐 牛肉鸡蛋粥

原料： 牛里脊肉 20 克，鸡蛋 1 个，粳米 100 克，料酒、盐各适量。

做法： ❶牛里脊肉洗净，切丁，用料酒、盐腌制 20 分钟；鸡蛋打散；粳米洗净，浸泡 30 分钟。❷将粳米放入锅中，加清水，大火煮沸成粥，放入牛里脊肉，同煮至熟，淋入蛋液稍煮即可。

中餐 宫保鸡丁

原料： 去骨琵琶腿 2 个，花生 100 克，葱花、姜片、蒜末、干辣椒、干淀粉、醋、生抽、蚝油、白糖、植物油各适量。

做法： ❶去骨琵琶腿洗净，切成丁，用蚝油、干淀粉、姜片腌制；花生浸泡 15 分钟，剥去红衣；干辣椒去籽剪成段；蚝油、醋、白糖、干淀粉、生抽调成酱汁。❷花生凉油下锅，炸至外表焦黄，控油备用。❸油锅烧热，爆香姜片、干辣椒、蒜末，放入鸡丁、酱汁，翻炒至酱汁浓稠，撒上花生、葱花，翻炒均匀即可。

晚餐 金针莴笋丝

原料： 莴笋 1 根，金针菇 1 把，葱末、盐、植物油各适量。

做法： ❶金针菇洗净，切去根部；莴笋削皮后切成细丝。❷油锅烧热，爆香葱末，加入金针菇炒软，随后下入莴笋丝翻炒片刻，出锅前加盐调味即可。

孕35周

孕妈妈腹坠腰痛，胎宝宝肾脏工作了

随着胎宝宝增大，位置逐渐下降，孕妈妈可能会觉得腹坠腰酸，骨盆后部附近的肌肉和韧带变得麻木。

此时的胎宝宝身长43~44厘米，体重2.3~2.5千克。小家伙的两个肾脏已经发育完全，肝脏也能够代谢一些废物了。

本周宜忌

1 吃银耳补充胶原蛋白

除了丰富的碳水化合物，银耳的其他营养成分也相当丰富，含有17种氨基酸和钙、铁、磷、钾、镁等多种矿物质，其中钙、铁的含量很高，常吃能补充能量，满足孕妈妈的营养需求，预防贫血。

2 常吃黑枣补血

黑枣是精选优质红枣，经沸水烫过后，再熏焙至枣皮发黑发亮，枣肉半熟，干燥适度而成的，其功效与红枣相似而滋补作用更佳。中医认为，黑枣鲜食、煨汤、煮粥都能起到很好的补血效果。

3 常喝紫米粥

紫米含有孕妈妈需要的多种氨基酸，还含有丰富的铁、钙、锌等矿物质和多种维生素。紫米是天然的黑色食物，与芝麻搭配，能起到健脑的作用，孕妈妈可以常喝紫米粥。

4 提前确定谁来照顾月子

孕妈妈在产后需要有人照顾，很多都是家里的长辈照顾，老人因为都是过来人，经验比较丰富，遇到一些常见情况也知道怎么处理。但老人的思想比较传统，带孩子的观念与年轻人也有很大的差异，容易引起矛盾，特别是婆媳之间。最好是由妈妈和婆婆轮流照顾，可以避免老人过度劳累，在一定程度上也能缓解婆媳关系。若家里长辈不方便帮忙，就需要找个人手了。相对于家里的老人和保姆，月嫂照顾月子会更加专业，因为月嫂经过专业的培训，且经验丰富，可以给孕妈妈提供专业的指导和建议，并能手把手地教新手爸妈如何科学护理宝宝。但是不要认为月嫂越贵就越好，月嫂的性格和敬业程度才是最重要的。在雇佣月嫂之前应该多了解她的资历和性格，以及其他客户对她的评价等。

5 不宜多吃榴莲

榴莲所含的热量及糖分较高，如果孕妈妈过多食用，极易导致血糖升高，并使胎宝宝体重过重，增加日后娩出巨大宝宝的概率。不仅如此，榴莲食用过多还会阻塞肠道，引起便秘，加重孕妈妈负担，患有便秘和痔疮的孕妈妈更应忌食。另外，榴莲性温，多吃会上火，出现喉咙疼痛、烦躁、失眠等症状。

6 不宜多吃板栗

板栗富含蛋白质、脂肪、碳水化合物、钙、磷、铁、锌以及多种维生素，有健脾养胃、补肾强筋的作用。孕妈妈适量吃些板栗不仅可以强健身体，还有消除疲劳的作用。但是不宜一次吃太多，3~5颗即可，否则容易导致孕妈妈体内积热过多，造成便秘。

7 不宜在孕晚期大量饮水

整个孕期饮水都要适量。到了孕晚期，孕妈妈会特别口渴，这是很正常的孕晚期现象。孕妈妈要适度饮水，以口不渴为宜，不能过量喝水，特别是饭前，否则会影响进食，增加肾脏的负担。

牛肉中混合着板栗的淡淡甜香，非常适合食欲不佳的孕妈妈，由于板栗富含油脂，尽量选择纯瘦的牛肉。

板栗烧牛肉

忌吃 还想吃 饭前饮食有讲究

● 整个孕期，孕妈妈都应遵循三餐两点心的饮食原则，在两餐间隙补充能量，但加餐与两餐的间隔应在1~2小时，不能吃太多影响正餐。

● 为应对孕晚期孕妈妈容易口渴的现象，孕妈妈加餐可以尽量选择吃水分充足的水果，以饭前半小时食用为佳。

每天营养餐单

现在，胎宝宝的肝脏以每天5毫克的速度储存铁，直到存储量达到240毫克。因此，孕期最后两个月，孕妈妈要保证摄入足够的铁。

黑色食物防贫血

整个孕期，孕妈妈宜根据产检的情况来调整补铁量。如果孕妈妈贫血或者怀有多胞胎，那么自然应该增加铁的摄入量。此外，孕妈妈还需要知道一些有关饮食均衡的具体应用，比如：蔬菜中的铁吸收率低，瘦肉、动物血液中的铁吸收率高，而搭配在一起吃，后者能够提高前者的吸收率。

对于孕期贫血的孕妈妈来说，日常吃些黑色食物，可以防治和减轻贫血症状。黑芝麻富含多不饱和脂肪酸，同时含铁丰富。可以和核桃等一起磨粉，做成黑芝麻糊，也可加在牛奶或豆奶中饮用，都能起到很好的补血效果。

香菇含铁量高，搭配肉类食用可提高铁的吸收率。

科学食谱推荐

星期	早餐（二选一）		加餐	
一	豆腐脑 芝麻烧饼 凉拌番茄	燕麦南瓜粥 豆包	酸奶 苹果	
二	全麦面包 牛奶 樱桃	香菇肉粥 花卷	猕猴桃	
三	菜包 鸡蛋 豆浆	莲子芋头粥 鸡蛋	粗粮饼干 酸奶	
四	紫米粥 鸡蛋 花卷	全麦面包 牛奶 双色菜花	酸奶布丁	
五	红枣粥 鸡蛋 豆包	红豆黑米粥 鸡蛋	蛋卷 牛奶	
六	燕麦南瓜粥 银鱼煎蛋饼	芝麻核桃粥 牛奶	蔬菜沙拉	
日	番茄厚蛋烧 牛奶	黑枣粥 香煎豆渣饼	开心果 草莓	

本周食材购买清单

肉类：鸡肉、鸽肉、猪肉、牛肉、鳜鱼、鲫鱼、虾仁、猪肝等。

蔬菜：番茄、西葫芦、莲藕、香菇、菜花、牛蒡、空心菜、平菇、香菇、油菜、
木耳、芦笋、土豆、胡萝卜等。

水果：苹果、柠檬、猕猴桃、草莓、樱桃等。

其他：豆腐、紫米、鸡蛋、黑枣、燕麦、松子、玉米粒、红豆、黑米、银耳等。

中餐（二选一）		晚餐（二选一）		加餐
馒头 鸡脯扒小白菜 菠菜鱼片汤	米饭 青椒豆干炒肉丝 紫菜蛋汤	青菜汤面 板栗烧仔鸡 凉拌土豆丝	米饭 百合炒牛肉 京酱西葫芦	柠檬蜂蜜饮
牛肉卤面 糖醋莲藕片 素什锦	蛋炒饭 家常焖鳜鱼 芸豆烧荸荠	青菜肉丝面 炒菜花	米饭 西蓝花烧双菇 松子爆鸡丁	全麦饼干 豆浆
米饭 抓炒鱼片 双色菜花	馒头 牛蒡炒肉丝 青菜鸡蛋汤	豆腐馅饼 甜椒牛肉丝 蒜蓉空心菜	米饭 虾仁腐竹 松子青豆炒玉米	水果沙拉
米饭 土豆烧牛肉 番茄鸡蛋汤	米饭 鲫鱼豆腐汤 香菇青菜	米饭 虾仁蒸蛋 盐水猪肝	黑米饭 豆芽炒肉丁 平菇炒蛋	全麦饼干 樱桃
米饭 甜椒牛肉丝 素什锦 蛋花汤	米饭 青椒土豆丝 糖醋莲藕片 棒骨海带汤	米饭 番茄炒木耳 美味鸡丝 白菜豆腐汤	菠萝虾仁烩饭 番茄蛋汤	水果拌酸奶
米饭 胡萝卜烧牛肉 芦笋香菇汤	米饭 鱼香茄子 番茄鸡片	米饭 黄瓜腰果虾仁 冬瓜豆腐汤	排骨汤面 香菇炖面筋	银耳莲子羹
米饭 青椒土豆丝 木耳炒山药片	米饭 香酥鸽 白萝卜海带汤	米饭 香菇油菜 红烧鲫鱼	紫米粥 豆角小炒肉	苏打饼干 酸奶

早餐 番茄厚蛋烧

原料：鸡蛋 2 个，番茄 1 个，盐、植物油各适量。

做法：❶番茄洗净，去皮，切碎，入蛋液加盐打散。❷油锅烧热，鸡蛋液均匀地铺一层在锅底，固定后卷起，再倒入蛋液，固定后做回卷，重复上述工作至蛋饼卷好。❸将卷好的蛋饼再煎片刻，盛出，切段，装盘即可。

中餐 香酥鸽

原料：鸽子 1 只，姜片、葱、盐、料酒、植物油各适量。

做法：❶鸽子清理干净；葱洗净，只取葱白，切段。❷用盐揉搓鸽子表面，鸽子腹中加葱白、姜片、料酒，上笼蒸烂，拣去姜片、葱白。❸油锅烧热，放入鸽子炸至表皮酥脆，捞出切块，装盘即可。

晚餐 香菇炖面筋

原料：香菇 80 克，面筋 200 克，酱油、盐、葱花、植物油各适量。

做法：❶香菇洗净，去蒂，切块；面筋洗净，切块。❷油锅烧热，下香菇块炒出香味，再加入面筋、适量水，大火煮开后改小火炖煮。❸加酱油，炖至香菇和面筋烂熟时加盐，撒上葱花，搅拌均匀。

一日三餐举例

香酥鸽

番茄厚蛋烧

香菇炖面筋

早餐 双色菜花

原料： 菜花、西蓝花各 200 克，蒜蓉、盐、水淀粉、植物油各适量。

做法： ❶将菜花洗净，切小块；西蓝花洗净，切小块。❷菜花与西蓝花在开水中焯一下。❸油锅烧热，加入菜花与西蓝花翻炒，加蒜蓉、盐调味，用水淀粉勾薄芡即可。

中餐 牛肉卤面

原料： 挂面 100 克，牛肉 50 克，胡萝卜半根，红椒 1 个，竹笋 1 根，酱油、水淀粉、盐、香油、植物油各适量。

做法： ❶将牛肉、胡萝卜、红椒、竹笋分别洗净，切小丁。❷挂面煮熟，过水后盛入汤碗中。❸油锅烧热，放牛肉煸炒，再放胡萝卜、红椒、竹笋翻炒至熟，加入酱油、盐、水淀粉，浇在面条上，最后再淋几滴香油即可。

晚餐 美味鸡丝

原料： 鸡肉 200 克，料酒、胡椒粉、番茄酱、盐、橄榄油各适量。

做法： ❶鸡肉洗净，切块，放入加料酒的沸水锅中焯熟，沥干，撕成丝，加入胡椒粉、番茄酱、橄榄油搅拌均匀。❷锅烧热，翻炒鸡丝，加盐调味即可。

孕 36 周

孕妈妈临近分娩，胎宝宝可以呼吸了

日益临近的分娩会使你紧张，此时要多和准爸爸聊聊天，缓解自己内心的压力。

胎宝宝的身长达 45~46 厘米，体重约 2.6 千克，而且还在继续增长，肺部已经完全发育成熟，可以依靠自身的力量呼吸了。

本周宜忌

1 留出备用钥匙

为预防提前分娩或者出现一些特殊情况需要马上住院，孕妈妈可以把家里的备用钥匙交给至少一位家人或好朋友，以防你需要家里的东西，但又不能亲自回家取。

2 要吃抗氧化性强的食物

红色、黄色、绿色等新鲜蔬菜水果，如番茄、草莓、玉米、胡萝卜、南瓜等，都有很强的抗氧化能力，可以提高孕妈妈的免疫力。而菌藻类食品，如香菇、紫菜等，是天然的抗氧化剂，孕妈妈可以变着花样吃。

3 补充维生素 K

维生素 K 有着"止血功臣"的美称，孕晚期适当补充维生素 K，有促进血液正常凝固、防止新生儿出血等作用。在预产期前一个月左右，孕妈妈就要特别注意对维生素 K 的摄入，多吃富含维生素 K 的食物，如菜花、西蓝花、菠菜、莴笋、甘蓝菜、牛肝、乳酪、猕猴桃和谷类食物。必要时，孕妈妈可以在医生的指导下每天口服维生素 K，以预防产后出血和增加母乳中维生素 K 的含量。

4 适量吃无花果

无花果富含多种氨基酸、有机酸、镁、锰、铜、锌以及多种维生素，它不仅是营养价值很高的水果，也是一味良药。无花果具有清热解毒、止泻通乳的功效，尤其对痔疮便血、脾虚腹泻、咽喉疼痛、乳汁不足等疗效显著，因此孕妈妈宜适量吃无花果。

5 不宜择日分娩

有些孕妈妈本来可以顺产的，但为了让宝宝在"良辰吉日"出生，或为了宝宝早点入学，而选择剖宫产。这不仅不利于孕妈妈的身体恢复，对胎宝宝也没有好处。提前剖宫产易引起呼吸窘迫症、肺炎等早产并发症，宝宝长大后也易形成多动症和精力不集中等不良习惯。

6 不宜进食过饱

为避免胃灼热，孕妈妈进食切勿过饱，以免使胃内压力升高，横膈上抬，每餐七分饱即可。在吃饭时，要放慢速度，细嚼慢咽。在饮食方面，除了不吃辛辣食物，也不要吃过冷或过热的食物，因为它们会刺激食道黏膜。

7 不宜多吃冷凉食物

孕晚期，孕妈妈容易感觉身体发热、胸口发慌，特别想吃点凉的东西。由于怀孕后孕妈妈的胃肠功能减弱，吃进很多冷食物，会使得胃肠血管突然收缩，而胎宝宝的感官知觉已非常灵敏，对冷刺激也十分敏感，所以多吃过冷食物对胎宝宝不利。此外，孕妈妈的体质本来就比较脆弱，吃过冷的食物，对内脏刺激较大，如果腹泻，势必会影响胎宝宝的健康。孕妈妈应尝试着平复心情，相信心静自然凉。

玉米和胡萝卜能缓解孕妈妈因消化不良而产生的胃灼热，与粳米熬煮成粥，营养成分更容易被吸收。

玉米胡萝卜粥

忌吃 还想吃　孕期胃灼热怎么吃

● 喝些生姜水或陈皮茶，可缓解胃灼热。

● 不要在饭前大量喝水，应在吃饭间隙小口小口喝。

● 吃东西后嚼块口香糖，能刺激唾液分泌，有助于中和胃酸。

每天营养餐单

孕晚期，胎宝宝对钙的需求量大增，孕妈妈要确保自己有足够的钙储存量，来满足自身和胎宝宝的需求。

深绿色蔬菜，如萝卜叶含钙量也较多。

酸奶富含优质钙

虽说孕妈妈怀孕全过程都需要补钙，但胎宝宝体内的钙一半以上是在孕期最后 2 个月储存的。如果孕妈妈钙的摄入量不足，胎宝宝就要动用母体骨骼中的钙，这会导致孕妈妈骨质疏松。孕中晚期，孕妈妈每日钙的摄入量不可低于 1000 毫克。

从日常饮食中摄取到足够的钙并不是件难事。在所有的食物中，富含钙且热量最少的优质钙补充品，首推酸奶。酸奶的营养价值与牛奶相当，而且更易于消化。此外，奶酪富含钙，是另一种很好的牛奶替代品。

科学食谱推荐

星期	早餐（二选一）		加餐
一	百合粥 鸡蛋	素包 豆浆	苹果
二	银耳樱桃粥 豆包	三鲜馄饨 家常鸡蛋饼	榛子 草莓
三	牛奶山药燕麦粥 番茄厚蛋烧	火腿奶酪三明治 橙汁	核桃糕
四	南瓜红枣粥 鸡蛋	牛奶红枣粥 花卷	粗粮饼干 酸奶
五	全麦面包 酸奶 苹果	牛肉蒸饺 豆浆	蛋卷
六	山药豆浆粥 牛肉蒸饺	苹果玉米汤 家常鸡蛋饼	红豆西米露
日	芝麻汤圆 煎茄子饼	炒小米 牛奶	全麦面包 酸奶

本周食材购买清单

肉类：牛肉、带鱼、猪肉、黄花鱼、虾皮、鸡肉、鸭肉、排骨、猪肝等。

蔬菜：香菇、青菜、油菜、紫菜、圆白菜、番茄、菜花、西蓝花、南瓜、豆角、
莲藕、茭白、芹菜、茄子、土豆、黄瓜等。

水果：苹果、樱桃、草莓、菠萝、猕猴桃、橘子等。

其他：百合、鸡蛋、豆腐、银耳、面筋、芝麻、核桃、榛子、开心果等。

中餐（二选一）		晚餐（二选一）		加餐
米饭 菠萝鸡翅 青菜蛋汤	米饭 什锦烧豆腐 葱爆甜椒牛柳	米饭 煎带鱼 香菇炖面筋	豆角肉丁面 芝麻圆白菜	全麦面包 牛奶
米饭 糖醋白菜 番茄鸡片	米饭 椒盐鸭腿 蒜蓉空心菜	米饭 蘸酱菜 南瓜蒸肉	米饭 糖醋莲藕片片 五香带鱼	粗粮饼干 酸奶
牛肉焖饭 蒜蓉西蓝花	米饭 菠萝咕咾肉 番茄炒鸡蛋	排骨汤面 香菇豆腐塔	米饭 茭白炒蛋 紫菜虾皮豆腐汤	火龙果
咸蛋黄烩饭 肉丝银芽汤	青菜面 土豆焖牛肉 蒜香烧豆腐	米饭 香菇炖鸡 青椒土豆丝	米饭 肉末炒芹菜 油焖茄条	苹果
虾仁蛋炒饭 玉米羹 凉拌黄瓜	米饭 干烧黄花鱼 宫保素三丁	三鲜汤面 芸豆烧荸荠	米饭 糖醋圆白菜 猪肝拌黄瓜	开心果 猕猴桃
豆角焖米饭 西蓝花鹌鹑蛋汤	米饭 番茄炖牛肉 干煸土豆	牛肉卤面 清炒菜花	牛奶燕麦粥 鸡蛋羹	水果沙拉
牛肉饼 香菇青菜 番茄培根香菇汤	馒头 鸭块白菜 凉拌番茄	香菇鸡汤面 香干芹菜	燕麦南瓜粥 豌豆鸡丝	蜜汁银耳羹

孕 36 周 孕妈妈临近分娩，胎宝宝可以呼吸了　　**233**

香菇青菜

炒小米

煎带鱼

早餐 炒小米

原料：小米 100 克，韭菜 1 小把，鸡蛋 1 个，盐、植物油各适量。

做法：❶锅内放水烧开，放入洗净的小米煮熟，捞出沥干；韭菜洗净，切段；鸡蛋打散。❷油锅烧热，倒入蛋液，待蛋液稍稍凝固，用筷子划散成小块；再倒入韭菜，翻炒至八成熟。❸另起油锅，放入小米翻炒，放入韭菜和鸡蛋，加盐调味，翻炒均匀即可。

中餐 香菇青菜

原料：香菇 30 克，青菜 200 克，盐、白糖、植物油各适量。

做法：❶香菇洗净，切丁；青菜洗净，切段。❷油锅烧热，倒入青菜翻炒，放入香菇继续翻炒。❸加入适量盐与白糖，再倒入一点水，烧至食材全熟即可。

晚餐 煎带鱼

原料：带鱼 1 条，盐、黑胡椒粉、白糖、橄榄油各适量。

做法：❶把处理好的带鱼用流水冲洗干净，擦干水分，切成小段；白糖、盐、黑胡椒粉混合成调料，均匀撒在带鱼段上，腌制 40 分钟。❷热锅凉油，将带鱼段滑入锅中，鱼皮微皱时翻面，煎至两面金黄即可。

早餐 南瓜红枣粥

原料： 南瓜 50 克，粳米 100 克，干红枣 5 颗。

做法： ❶南瓜去皮去子，洗净，切丁；红枣洗净；粳米淘洗干净。❷锅中放入粳米、南瓜丁、红枣，加适量水煮熟即可。

中餐 蒜香烧豆腐

原料： 肉馅 50 克，南豆腐 200 克，蒜末、葱段、高汤、生抽、水淀粉、盐、植物油各适量。

做法： ❶南豆腐切片，入盐水锅中焯烫 1 分钟，捞出备用；盐、生抽、水淀粉调成芡汁。❷热锅凉油，中火翻炒肉馅至变色，放入葱段翻炒至出香，放入南豆腐，小心翻炒。❸加入高汤，大火煮沸后改小火炖煮 5 分钟，大火收汤，倒入芡汁翻炒均匀，撒上蒜末翻炒出蒜香味即可。

晚餐 香菇炖鸡

原料： 香菇 30 克，鸡 1 只，盐、葱段、姜片、料酒各适量。

做法： ❶香菇用温水泡开；鸡去内脏洗净，放入沸水中焯烫。❷锅内放入清水和鸡，用大火烧开，撇去浮沫，加入料酒、盐、葱段、姜片、香菇，用中火炖至鸡肉熟烂即可。

香菇炖鸡

蒜香烧豆腐

南瓜红枣粥

孕 37 周

孕妈妈宫缩频率增加，胎宝宝器官发育成熟

因胎宝宝增大，羊水相对变少，孕妈妈腹壁紧绷而发硬，会时常出现无规律的宫缩。

小家伙的所有器官都已经发育成熟，正在肚子里继续长肉，体重只要超过 2.5 千克就属于正常。

本周宜忌

1 要少食多餐

怀孕的最后 1 个月，孕妈妈的胃肠很容易受到压迫，从而引起便秘或腹泻，导致营养吸收不良或者营养流失，所以，一定要增加进餐的次数，每次少吃一些，而且应吃一些口味清淡的食物。

2 吃莲藕缓解便秘

莲藕中含有丰富的维生素、蛋白质、铁、钙、磷等营养素。用莲藕与排骨搭配煮汤，味道香浓，还可以为孕妈妈补充丰富的营养素。而且莲藕中含有丰富的膳食纤维，可以缓解孕晚期孕妈妈的便秘症状。

3 温水冲饮蜂蜜

蜂蜜是天然的大脑滋补剂，含有丰富的锌、镁等多种微量元素和维生素，能促进大脑神经元发育，是益脑增智的营养佳品，因此孕妈妈适量食用蜂蜜，对胎宝宝大脑的生长发育是有益的。孕晚期适当吃蜂蜜，还可以缓解孕妈妈的便秘症状，但不宜吃太多，以免引起腹泻。此外，孕妈妈在产前喝蜂蜜水，可以补充能量和体力，有助于分娩。一般每天用 2~4 勺蜂蜜冲水饮用即可，水温不宜超过 60℃。

4 选择合适的分娩方式

对女性来说，分娩虽然是自然生理过程，可它却是一件重大的应激事件，相比于二胎妈妈，头胎妈妈则更容易出现复杂的心理变化。而详细了解分娩知识，熟悉分娩过程，能让孕妈妈做到心中有数，平复因分娩产生的焦虑、担心等情绪。分娩方式的选择往往是医生根据孕妈妈的身体状况、胎宝宝在子宫内情况以及孕妈妈的意愿来决定的。分娩方式可以分为顺产、剖宫产、水中分娩、无痛分娩 4 种，不同的分娩方式适合不同情况的孕妈妈。

5 不宜吃过夜的银耳汤

银耳营养丰富，且其所含的维生素D可促进钙吸收，还可以减轻分娩时的痛感，是孕晚期滋补品首选。但银耳汤不宜久放，特别是过夜之后，营养成分会减少并产生有害物质。因此，银耳汤煮好后，孕妈妈要及时吃。

6 待产期间不宜暴饮暴食

分娩过程一般要经历12~18小时，体力消耗大，所以待产期间必须注意饮食。有些孕妈妈在待产期间暴饮暴食，过量补充营养，为分娩做体能准备。其实不加节制地摄取高营养、高热量的食物，会加重肠胃的负担，造成腹胀，还会使胎儿过大，在生产时往往造成难产、产伤。其实，这个时候的饮食只要富有营养、易消化、口味清淡即可。

7 低血压孕妈妈不宜选择无痛分娩

无痛分娩其实是自然分娩的一种方式，是指在自然分娩的过程中，对孕妈妈施以药物麻醉，使其感觉不到太多疼痛，胎宝宝从产道自然娩出。无痛分娩时，麻醉了孕妈妈的疼痛感觉神经，但运动神经和其他神经都没有被麻痹，仅仅靠胎宝宝自己的力量是很难完成娩出的，所以孕妈妈自己也要用力。不过，采用无痛分娩时，极少数的孕妈妈可能会出现低血压、头痛、恶心等并发症，所以，本身就有低血压症状的孕妈妈不宜选择无痛分娩。

豌豆清香、虾仁鲜美，同食具有补益作用，能为孕妈妈的分娩积聚能量。

豌豆炒虾仁

忌吃 还想吃 待产期间怎么吃

●多吃一些优质蛋白质，比如鱼、虾等，可以在日常饮食里增加瘦肉类和豆类食物。

●多吃新鲜蔬菜和水果，保证摄入充足的维生素。

●越是接近临产，就越要多吃些含铁质的蔬菜，如菠菜、紫菜、芹菜、木耳等。

每天营养餐单

维生素 K 是影响骨骼和肾脏组织形成的必要物质，还参与一些凝血因子的合成，现在，孕妈妈要适当补充维生素 K，促进血液正常凝固、预防新生儿出血。

每天至少 3 份蔬菜

维生素 K 能被人体用来产生血浆中的凝血物质，有防止出血的作用，产前每天摄入富含维生素 K 的食物，可预防孕妈妈产后出血。

富含维生素 K 的食物有蛋黄、奶酪、莲藕、白菜、菜花、莴笋、豌豆、胡萝卜、西蓝花、番茄、猕猴桃和谷类等。建议孕妈妈每天摄入 14 毫克的维生素 K。一般而言，孕妈妈每天吃 3 份蔬菜，即可摄取足够的维生素 K。

莴笋不仅含有预防产后出血的维生素 K，其含有的铁还可以防治孕妈妈缺铁性贫血。

科学食谱推荐

星期	早餐（二选一）		加餐
一	香蕉粳米粥 土豆饼	芝麻烧饼 豆浆	全麦面包 牛奶
二	胡萝卜玉米粥 蛋煎馒头片	番茄面疙瘩 鸡蛋	粗粮饼干
三	三鲜馄饨 鸡蛋	蛤蜊蒸蛋 三鲜蒸饺	苹果
四	素蒸饺 鸡蛋 香菇汤	豆腐脑 芝麻烧饼	蛋卷 牛奶
五	全麦面包 牛奶	蛋炒饭 土豆海带汤	紫菜包饭
六	枣莲三宝粥 鸡蛋	火腿奶酪三明治 番茄香菇汤	红豆西米露
日	红豆黑米粥 牛肉蒸饺	小米粥 花卷 鸡蛋	橘瓣银耳羹

本周食材购买清单

肉类：带鱼、盐水鸭、猪肉、鲈鱼、蛤蜊、虾仁、黄花鱼、鸡肉、牛肉等。

蔬菜：茄子、番茄、白菜、胡萝卜、香菇、白萝卜、娃娃菜、南瓜、芥蓝、春笋、土豆、冬瓜、莴笋、莲藕、西蓝花、菜花、扁豆等。

水果：菠萝、草莓、猕猴桃、苹果、木瓜、雪梨、橘子、樱桃等。

其他：豌豆、鸡蛋、腰果、燕麦片、开心果、面筋、豆腐、榛子、银耳、核桃、莲子、红枣等。

中餐（二选一）		晚餐（二选一）		加餐
米饭 红烧带鱼 清蒸茄丝	米饭 番茄炒鸡蛋 松子青豆玉米	馒头 胡萝卜炒豌豆 芦笋口蘑汤	三鲜汤面 醋熘白菜 盐水鸭	开心果 菠萝
米饭 香菇炖面筋 雪菜黄花鱼汤	米饭 番茄炒木耳 鱼头豆腐汤	米饭 鲜蘑肉片 白萝卜海带汤	红糖小米粥 奶油娃娃菜	榛子 草莓
米饭 三鲜炒春笋 番茄炖牛肉	米饭 糖醋莲藕片片 排骨冬瓜汤	红烧牛肉面 芹菜腰果炒香菇	米饭 宫保素三丁 清蒸鲈鱼	核桃 红枣
米饭 芹菜炒百合 鸭肉冬瓜汤	扁豆焖面 家常焖鳜鱼	玉米鸡丝粥 香干芹菜 萝卜炖牛腩	米饭 冬笋炒肉丝 双色菜花	粗粮饼干 猕猴桃
米饭 金针莴笋丝 豆角小炒肉	小米蒸排骨 清炒空心菜 芹菜竹笋汤	米饭 青椒土豆丝 时蔬鱼丸	五彩什锦炒饭 盐煎扁豆	水果拌酸奶
米饭 鱼头木耳汤 土豆炖牛肉	米饭 黄花鱼炖茄子 莴笋炒山药	扁豆焖面 鸡蛋玉米羹	玉米面发糕 什锦西蓝花 蛋花汤	奶炖木瓜雪梨
米饭 素什锦 麦香鸡丁	虾仁蛋炒饭 板栗扒白菜	米饭 芝麻圆白菜 西蓝花炒虾仁	香菇肉粥 松子青豆玉米	板栗糕 冬瓜蜂蜜饮

早餐 枣莲三宝粥

原料： 绿豆 20 克，粳米 80 克，莲子、红枣各 5 颗，红糖适量。

做法： ❶绿豆、粳米淘洗干净；莲子、红枣洗净。❷将绿豆和莲子放在带盖的容器内，加入适量开水闷泡 1 小时。❸将泡好的绿豆、莲子放锅中，加适量水烧开，再加入红枣和粳米，用小火煮至豆烂粥稠，加适量红糖调味即可。

中餐 麦香鸡丁

原料： 鸡肉 250 克，燕麦片 50 克，花椒粉、盐、水淀粉、植物油各适量。

做法： ❶鸡肉用温水洗净，切丁，用盐、水淀粉上浆。❷油锅烧四成热，放入鸡丁滑油捞出；烧六成热，倒入燕麦片，炸至金黄色，捞出沥油。❸油锅留底油，倒入鸡丁、燕麦片翻炒，加入花椒粉、盐调味即可。

晚餐 芹菜腰果炒香菇

原料： 芹菜 200 克，腰果 50 克，香菇、红彩椒、蒜片、盐、白糖、水淀粉、植物油各适量。

做法： ❶芹菜去叶，洗净，切片；红彩椒洗净，切条；香菇去蒂，切片；腰果洗净，沥干。❷锅中入清水煮沸，芹菜、香菇焯水，捞出沥干。❸油锅加热，下腰果翻炒炸熟，捞出沥干。❹油锅加热，爆香蒜片，放入芹菜、腰果、红彩椒、香菇翻炒均匀，加入盐、白糖调味，用水淀粉勾芡即可。

一日三餐举例

枣莲三宝粥

麦香鸡丁

芹菜腰果炒香菇

早餐 蛤蜊蒸蛋

原料: 鸡蛋 2 个,蛤蜊 50 克,料酒、盐、香油各适量。

做法: ❶蛤蜊提前一晚放淡盐水中吐沙。❷蛤蜊清洗干净,入锅中,加水和料酒炖煮至开口,捞出蛤蜊,蛤蜊汤备用。❸鸡蛋加适量蛤蜊汤、盐打均匀,淋入香油,加入开口蛤蜊,盖上保鲜膜,上凉水蒸锅大火蒸 10 分钟即可。

中餐 三鲜炒春笋

原料: 春笋 200 克,香菇、鱿鱼、虾仁各 50 克,葱花、蒜末、盐、水淀粉、植物油各适量。

做法: ❶香菇去蒂,切丁;春笋剥壳,削皮,去老根,洗净切片;鱿鱼洗净,去筋膜,切片;虾仁洗净,去虾线。❷锅内加清水煮沸,将鱿鱼、虾仁焯熟,沥水备用。❸油锅烧热,爆香葱花、蒜末,放入春笋、香菇、鱿鱼、虾仁翻炒,加盐调味,用水淀粉勾芡,翻炒均匀即可。

晚餐 盐煎扁豆

原料: 扁豆 250 克,葱花、姜末、盐、料酒、高汤、植物油各适量。

做法: ❶扁豆撕去筋,洗净,切菱形状。❷油锅烧热,加扁豆翻炒至断生,盛出,沥干油。❸油锅烧热,爆香葱花、姜末,扁豆回锅,加盐、料酒、高汤,大火快炒至高汤收汁,装盘即可。

孕 38 周

孕妈妈有点紧张，胎宝宝皮肤光滑

分娩期临近，孕妈妈可能会产生紧张的情绪。孕妈妈要适当活动，充分休息，密切关注自己的身体变化。

胎宝宝现在看起来像个新生儿了。之前覆盖在胎宝宝身上的绒毛和胎脂已经脱落、消失了，胎宝宝的皮肤很光滑。

本周宜忌

1 多吃稳定情绪的食物

此时孕妈妈的心情一定很复杂，既有"即将与宝宝见面"的喜悦，也有面对分娩的紧张不安。对孕妈妈来说，最重要的是生活要有规律，情绪要稳定。因此，孕妈妈要多摄取一些能够帮助自己缓解恐惧感和紧张情绪的食物。

富含叶酸、维生素 B_2、维生素 K 的圆白菜、胡萝卜等，是稳定情绪的有益食物。此时孕妈妈也可以摄入一些谷类食物，这些食物中的维生素可以促进孕妈妈产后乳汁的分泌，有助于提高宝宝对外界的适应能力。

2 多饮用牛奶

牛奶中含有两种催眠物质：一种是色氨酸，另一种是对生理功能具有调节作用的肽类。肽类的镇痛作用，会让人感到全身舒适，有利于解除疲劳并入睡。对于待产前紧张而导致神经衰弱的孕妈妈，牛奶的安眠作用更为明显。当然，牛奶也是蛋白质和钙的极好来源，可以很好地满足孕期最后阶段孕妈妈和胎宝宝大量的营养需求。

3 控制活动强度和时间

孕妈妈逐渐接近临产期，这段时间可以散散步，做些辅助自然分娩的舒展活动，准爸爸或其他家人一定要陪同左右。在活动时，控制活动强度很重要，脉搏绝对不要超过 140 次／分，体温不要超过 38℃，时间以30 分钟以内为宜。千万不要久站、久坐或者长时间走路，一切量力而行。

4 准爸爸要"随时待命"

由于孕妈妈随时都有生产的可能，准爸爸要做好一切准备，包括将待产包放好，以便随时可以出发。分娩医院的联系电话、乘车路线和孕期所有检查记录要记得携带，当孕妈妈发生临产征兆，准爸爸要迅速行动。为防止孕妈妈在家中无人时突然发生阵痛或破水，准爸爸要为妻子建立紧急联络方式，并随身携带手机。此外，最好给妻子预留出租车的电话号码或住在附近的亲朋好友的电话，必要时协助送进医院。

5 待产期间少看电视

孕晚期，孕妈妈本身就容易疲劳，而过度用眼会增加这种疲劳感。此外，孕期激素水平异常，孕妈妈情绪容易出现波动，长时间看电视，使孕妈妈更容易跟着剧情产生情绪波动，也不利于健康。而且，总是坐在电脑前或电视机前不运动也会增加孕妈妈分娩时的困难。

6 不宜每天吃海带

海带属于海藻类健康食品，富含矿物质、可溶性膳食纤维和碘，是孕妈妈应该经常选用的食物，但并不建议每天都吃海带或一次吃太多。过量吃海带首先会因为膳食纤维太多而导致胃部不适，另外，碘摄入太多也有可能引发孕妈妈甲状腺功能异常。

7 剖宫产前忌吃鱿鱼

如果孕妈妈是有计划实施剖宫产，手术前要做一系列检查，以确定孕妈妈和胎宝宝的健康状况。鱿鱼体内含有丰富的有机酸物质，能抑制血小板凝集，不利于手术后止血与创口愈合，所以，剖宫产前忌吃鱿鱼。

莲藕清淡易消化，还有利于术后伤口愈合，准备剖宫产的孕妈妈可多吃。

莲藕蒸肉

忌吃 还想吃　剖宫产孕妈妈怎么吃

● 术前饮食应遵医嘱，一般手术前一天，晚餐要清淡，午夜 12 点以后不要吃东西，手术前 6-8 小时也不要喝水。

● 手术后最好禁食 6 小时，或者可先饮用一些白开水或半流质食物，排气后再正常饮食，可以喝萝卜汤促进排气。

每天营养餐单

临近分娩，孕妈妈需要保持良好的情绪。除了积极调整自身外，孕妈妈还可以"邀请"维生素 B_1 来帮忙。

豌豆富含维生素 B_1，不仅能帮助孕妈妈保持体力，还能调节情绪。

每天补充维生素 B_1

维生素 B_1 不仅可以促进食欲，且对孕妈妈神经系统的生理活动具有调节作用。孕妈妈如果缺乏维生素 B_1，会使糖代谢发生障碍，供能减少，而神经和肌肉所需的能量主要由糖类供应，由此带来的肌肉无力和肢体疼痛，会使分娩时子宫收缩缓慢，延长产程时间，增加生产的困难性。因此，孕妈妈要保证足够的维生素 B_1 摄入，这会让你健康有活力，并有利于胎宝宝在足月时来到你的身边。

由于维生素 B_1 在人体内仅停留 3~6 小时，因此必须每天补充。

科学食谱推荐

星期	早餐（二选一）		加餐
一	小米粥 鸡蛋 豆包	山药燕麦粥 馒头 苹果	粗粮饼干
二	鸡蛋羹 花卷 香蕉	香菇青菜面 芝麻烧饼	核桃
三	蛋炒饭 牛奶 凉拌番茄	全麦面包 牛奶 草莓	松子
四	素蒸饺 鸡蛋 香菇汤	豆腐脑 芝麻烧饼	蛋卷 牛奶
五	火腿奶酪三明治 黄瓜	黑芝麻豆粥 火腿蛋卷	猕猴桃
六	牛奶核桃粥 鸡蛋	雪菜肉丝汤面 鸡蛋	粗粮饼干
日	八宝粥 豆包 鸡蛋	玉米红豆粥 平菇芦笋饼	蔬菜沙拉

本周食材购买清单

肉类：鲈鱼、羊肉、牛肉、虾仁、猪肉、三文鱼、鸡肉、鸭肉等。

蔬菜：菠菜、山药、胡萝卜、番茄、土豆、茄子、丝瓜、西蓝花、西葫芦、豇豆、冬笋等。

水果：苹果、橙子、香蕉、柠檬、火龙果、猕猴桃等。

其他：海带、鸡蛋、核桃、松子、开心果、豆腐、黄豆、青豆、红豆、玉米、豌豆、银耳等。

中餐（二选一）		晚餐（二选一）		加餐
米饭 菠菜炒鸡蛋 清蒸鲈鱼	米饭 什锦烧豆腐 番茄炖牛腩	花卷 宫保鸡丁 虾皮紫菜汤	米饭 土豆炖牛肉 番茄烧茄子	开心果 牛奶
牛肉焖饭 蒜蓉西蓝花 紫菜汤	馒头 京酱西葫芦 虾仁豆腐羹	米饭 清蒸鲈鱼 丝瓜鸡蛋汤	菠萝虾仁烩饭 薯角拌甜豆	全麦面包 橙汁酸奶
米饭 山药五彩虾仁 凉拌海带丝	米饭 杏鲍菇炒猪肉 白菜炖豆腐	花卷 香菇炒菜花 肉末炒豇豆	米饭 油焖茄条 时蔬鱼丸	粗粮饼干 柠檬蜂蜜饮
米饭 芹菜炒百合 鸭肉冬瓜汤	扁豆焖面 家常焖鳜鱼	玉米鸡丝粥 香干芹菜 萝卜炖牛腩	米饭 冬笋炒肉丝 草菇烧芋圆	粗粮饼干 猕猴桃
米饭 清蒸排骨 糖醋莲藕片片	米饭 西蓝花烧双菇 甜椒牛肉丝	蛋炒饭 橄榄菜炒四季豆 鱼头木耳汤	米饭 糖醋圆白菜 彩椒牛肉粒	开心果 酸奶
米饭 土豆炖牛肉 蒜蓉空心菜	米饭 香菇油菜 葱爆羊肉	米饭 松子青豆炒玉米 肉片炒木耳	米饭 海带排骨汤 芦笋炒百合	水果沙拉
米饭 鲜蘑炒豌豆 菠菜鱼片汤	米饭 豌豆鸡丝 清炒西蓝花	三鲜汤面 芸豆烧荸荠	粳米粥 香菇油菜 彩椒三文鱼串	土豆泥

孕 38 周 孕妈妈有点紧张，胎宝宝皮肤光滑 **245**

彩椒牛肉粒

虾仁豆腐

火腿蛋卷

早餐 火腿蛋卷

原料：火腿 50 克，鸡蛋 2 个，面粉 150 克，盐、植物油各适量。

做法：❶火腿切丁，同鸡蛋、面粉、盐搅拌均匀。❷油锅加热，将鸡蛋液摊成饼。❸卷成卷，切段即可。

中餐 虾仁豆腐羹

原料：虾仁 50 克，青豆 30 克，嫩豆腐 1 盒，胡萝卜、葱花、姜末、料酒、鸡汤、盐、水淀粉、香油、植物油各适量。

做法：❶胡萝卜去皮，切丁；虾仁洗净，去虾线；嫩豆腐切丁。❷油锅烧热，爆香葱花、姜末，放入胡萝卜、虾仁、青豆翻炒，加料酒、鸡汤、盐调味。❸放入嫩豆腐，小心翻动，大火收汤，加水淀粉勾芡，淋上香油即可。

晚餐 彩椒牛肉粒

原料：牛肉 200 克，冬笋 50 克，彩椒 100 克，葱末、料酒、酱油、干淀粉、蚝油、盐、植物油各适量。

做法：❶牛肉洗净，擦干切丁，入料酒、酱油、干淀粉腌制 30 分钟；冬笋洗净，切丁；彩椒洗净，切条。❷油锅烧热，爆香葱末，放入牛肉，翻炒至变色，加入冬笋翻炒 3 分钟，加彩椒、蚝油翻炒均匀，加盐调味即可。

早餐 玉米红豆粥

原料： 红豆、粳米各 30 克，玉米糙 40 克。

做法：❶ 粳米、玉米糙洗净，分别浸泡 30 分钟。**❷** 红豆洗净，提前一晚浸泡，上蒸锅蒸熟。**❸** 锅中放入玉米糙和适量水，大火烧沸后改小火，放入粳米熬煮。**❹** 待粥煮熟时，放入红豆再煮 5 分钟即可。

中餐 番茄炖牛腩

原料： 牛腩250克，番茄、土豆各1个，洋葱、姜片、葱花、蒜片、八角、生抽、冰糖、盐、植物油各适量。

做法：❶ 牛腩洗净，切块；土豆去皮，切块；番茄洗净，去皮，切块；洋葱切丁。**❷** 油锅烧热，土豆煎至两面变色，捞出备用。**❸** 爆香姜片、洋葱、葱花、蒜片，放牛腩翻炒至变色，放入番茄、生抽、冰糖、八角，加水没过牛腩，炖煮 1 小时。**❹** 土豆入锅，炖煮 15 分钟，加盐调味，收汤即可。

晚餐 薯角拌甜豆

原料： 土豆5个，荷兰豆 100 克，芦笋 3 根，蒜末、盐、醋、白糖、橄榄油各适量。

做法：❶ 土豆洗净，切成小块放入碗中，加盐、橄榄油，放入预热到 200℃ 的烤箱中层，烤 30~40 分钟。**❷** 荷兰豆洗净，焯熟；芦笋洗净，切段，焯熟；蒜末、盐、醋、白糖和橄榄油混合搅拌，至盐和白糖溶化，制成调料汁。**❸** 土豆、荷兰豆和芦笋放入盘中，淋上调料汁即可。

薯角拌甜豆

玉米红豆粥

番茄炖牛腩

孕39周

孕妈妈临近分娩，胎宝宝变安静了

临近分娩，孕妈妈要格外关注3个重要现象：宫缩、见红和破水，这些都是临产的征兆。

大多数胎宝宝都将在孕40周诞生，由于胎宝宝的头已经固定在骨盆中，所以会变得安静了。

本周宜忌

1 吃清淡的食物

对于即将分娩的孕妈妈来说，要选用对分娩有利的食物和烹饪方法。产前孕妈妈的饮食要保证温、热、淡，对于养护胎气和分娩时的促产都有好处。所以，孕妈妈现在的饮食应坚持以清淡为主。

2 产前吃薏米助顺产

薏米有利产的功效，孕妈妈在临产前适当食用可以帮助顺产。此外，薏米具有健脾利湿、清热排脓、除烦安神等功效，临产时有水肿症状的孕妈妈可以适量食用，可以去水肿，还可以稳定产前情绪。需要注意的是，薏米一般在临产前吃，孕早期和孕中期不宜吃薏米。

3 吃巧克力补充体能

孕妈妈在产前吃巧克力，可以缓解紧张情绪，保持积极心态。另外巧克力可以为孕妈妈提供足够的热量。整个分娩过程一般要经历12~18小时，这么长的时间需要消耗很大的能量。因此，在分娩开始和进行中，应准备一些优质巧克力，随时补充能量。

4 检查宝宝的用品是否齐全

孕妈妈可以再检查一下，看宝宝的物品是否齐全。提醒孕妈妈要考虑到亲戚朋友们赠送的礼物，如果是非常好的朋友，孕妈妈可以给他们派发任务，免得某些物品准备得太多造成浪费。

5 顺产前不宜补充大量营养

分娩是体力活，为了给分娩做体能准备，有些孕妈妈会补充大量的热量和营养素。其实，过多摄取高热量、高营养的食物，反而会加重肠胃负担，造成腹胀。这时孕妈妈可以吃一些少而精的食物，诸如鸡蛋、牛奶、瘦肉、鱼虾和豆制品等，以便顺利分娩。

6 提前考虑脐带血的处理

脐带血是指新生儿出生10分钟内遗留在脐带和胎盘中的血液，一般家庭是否有必要留存脐带血，可根据自己家庭的需要和经济条件而定。大多有必要留存的包括：有血友病或其他恶性肿瘤、镰状细胞贫血、血友病家族史以及其他可能需要骨髓移植的疾病史家庭。

目前脐带血的储存期限只有15年，费用在数千元至上万元不等，孕妈妈可以根据自己情况量力而行，也可以将脐带血捐献给有需要的人。如果孕妈妈决定保留脐带血，要提前和当地脐带血保存机构联系，按照相关程序对身体进行评估、签订协议和缴费。在入院后也要立刻打电话通知脐带血保存机构。

孕妈妈在分娩中会流失大量的血，产前吃些牛肉有助于储备铁。

忌吃 还想吃 顺产孕妈妈怎么吃

●产前重点补充维生素 B_1、锌和铁，多吃谷类、豆类、坚果类、鱼类、牛肉、贝壳类海产品、动物肝脏等。

●分娩前和分娩进程中，吃块巧克力，能为孕妈妈补充能量。

●产后喝生化汤或红糖水，能帮助新妈妈调节子宫收缩、减轻腹痛和促进恶露排出。

每天营养餐单

对于选择顺产的孕妈妈来说，锌可为分娩保驾护航，而孕妈妈在生产过程中会失血，因此补铁不容忽视。

干贝肉质细嫩，富含铁、锌、蛋白质等多种营养物质。

补锌补铁助力顺产

补锌对孕妈妈来说，不仅能增强自身的免疫力，防止味觉退化、食欲减退，还有助于顺产。如果孕妈妈缺锌，会降低子宫肌的收缩力，分娩时可能需要借助外力。锌在牡蛎中含量丰富，鲜鱼、牛肉、羊肉中也含有比较丰富的锌。

生产会造成孕妈妈血液流失，顺产的出血量为350~500毫升，剖宫产失血最高会达750~1000毫升。孕妈妈如果缺铁，很容易造成产后贫血。孕妈妈可以从动物肝脏、瘦肉、各种坚果和菠菜中补充铁，同时注意维生素C的摄入，有利于铁的吸收。

科学食谱推荐

星期	早餐（二选一）		加餐
一	素包 鸡蛋 豆浆	绿豆薏米粥 鸡蛋	粗粮饼干
二	牛奶红枣粥 家常鸡蛋饼	花卷 苹果玉米汤	开心果 草莓
三	牛奶核桃粥 鸡蛋	鸡汤馄饨 素包	粗粮饼干 酸奶
四	全麦面包 牛奶 蔬菜沙拉	玉米粥 时蔬蛋饼	苹果
五	花卷 鸡蛋 豆浆	三鲜馄饨 鸡蛋	牛奶燕麦片
六	小米红枣粥 鸡蛋	火腿奶酪三明治 猕猴桃汁	红豆西米露
日	什锦面 板栗糕	全麦面包 牛奶	橘瓣银耳羹

本周食材购买清单

肉类：牛肉、猪肉、黄花鱼、鲫鱼、虾仁、带鱼、三文鱼、干贝、鸡肉等。

蔬菜：山药、西蓝花、青菜、空心菜、莲藕、南瓜、番茄、白菜、茄子、胡萝卜、韭菜等。

水果：草莓、葡萄、苹果、橘子等。

其他：海带、鸡蛋、绿豆、豆腐、开心果、红豆等。

中餐（二选一）		晚餐（二选一）		加餐
米饭 百合炒牛肉 海带豆腐汤	米饭 鸡蓉干贝 香菇炒菜花	荠菜黄花鱼卷 什锦西蓝花	木耳炒面 青菜蛋汤	水果拌酸奶
米饭 蒜蓉空心菜 排骨豆芽汤	米饭 油焖茄条 时蔬鱼丸	香菇鸡汤面 双味毛豆	米饭 核桃乌鸡汤 香菇油菜	全麦面包 酸奶
米饭 多福豆腐带 番茄炒鸡蛋	米饭 鸡脯扒油菜 紫菜鸡蛋汤	米饭 香菇油菜 鲫鱼丝瓜汤	胡萝卜小米粥 南瓜蒸肉	葡萄
米饭 黄花鱼豆腐煲 宫保素三丁	米饭 虾仁腰果炒黄瓜 糖醋莲藕片片	平菇小米粥 海带烧黄豆	花卷 番茄炖茄子 小米蒸排骨	紫菜包饭
米饭 什锦西蓝花 五香带鱼	米饭 南瓜蒸肉 板栗扒白菜	米饭 蘸酱菜 香菇青菜	排骨汤面 油焖茄条	火龙果
米饭 香煎三文鱼 蜜汁南瓜	米饭 木耳炒山药 番茄炖豆腐	雪菜肉丝汤面 凉拌素什锦	牛肉焖饭 白萝卜海带汤	草莓酸奶布丁
咸蛋黄烩饭 紫菜汤	什锦饭 肉末蒸蛋	百合粥 香菇豆腐塔	米饭 糖醋圆白菜 五香带鱼	水果拌酸奶

核桃乌鸡汤

木耳炒山药

绿豆薏米粥

早餐 绿豆薏米粥

原料：绿豆、薏米、粳米各30克，红枣4颗。

做法：❶薏米、绿豆洗净，用清水浸泡；粳米洗净；红枣洗净，去核。❷将绿豆、薏米、粳米、红枣放入锅中，加适量清水，煮至豆烂米熟即可。

中餐 木耳炒山药

原料：山药200克，黑木耳5克，青椒、红椒、葱花、蒜蓉、蚝油、盐、植物油各适量。

做法：❶山药去皮，洗净，切片，开水烫一下备用；青椒、红椒洗净，切片；黑木耳用温水泡发，洗净。❷油锅烧热，加葱花、蒜蓉煸炒几下，加山药、青椒、红椒翻炒。❸加入黑木耳继续翻炒，加蚝油、盐调味。

晚餐 核桃乌鸡汤

原料：乌鸡半只，核桃仁4颗，枸杞子、葱段、姜片、料酒、盐各适量。

做法：❶乌鸡洗净切块，入水煮沸，去浮沫。❷加核桃仁、枸杞子、料酒、葱段、姜片同煮。❸水再开后转小火，炖至肉烂，加盐即可。

早餐 鸡汤馄饨

原料： 馄饨皮 100 克，鸡肉、虾仁各 50 克，鸡蛋 1 个，香菜碎、虾米、鸡汤、盐、植物油各适量。

做法： ❶鸡肉洗净，与虾仁共同剁碎，加盐拌成馅；鸡蛋加盐打散，入油锅摊成饼，盛出切丝，备用。❷馄饨皮包入馅，包成馄饨。❸鸡汤煮沸，下馄饨煮熟盛出，撒上鸡蛋丝、虾米、香菜碎即可。

中餐 多福豆腐带

原料： 豆腐 1 块，胡萝卜 20 克，木耳 5 朵，香菇 4 朵，圆白菜半棵，韭菜 1 把，葱花、生抽、蚝油、盐、白糖、水淀粉、高汤、香油、植物油各适量。

做法： ❶木耳泡发切碎；香菇、圆白菜、胡萝卜分别洗净切碎；韭菜汆烫至软。❷豆腐切块，油炸至定形；蔬菜丁加入蚝油、盐、白糖、香油制成馅。❸掏空豆腐内心，填入蔬菜馅，用韭菜叶扎紧袋口。❹油锅烧热，煸香葱花，注入高汤、盐、生抽和口袋豆腐，加盖煮 5 分钟，调入水淀粉勾芡即可。

晚餐 双味毛豆

原料： 毛豆 200 克，柠檬 1 个，白芝麻、盐、黑胡椒碎各适量。

做法： ❶毛豆洗净，放入锅中，加足量水煮开 3 分钟，捞出过凉。❷炒熟白芝麻，研磨成碎末；擦丝机擦取柠檬表面黄皮，加黑胡椒碎和盐拌匀。❸毛豆分两份，分别撒上两种调味料拌匀即可。

孕 39 周 孕妈妈临近分娩，胎宝宝变安静了

孕40周

孕妈妈万分期待，胎宝宝随时降临

孕妈妈只要再加把劲，顺利过了分娩这一关，就可以抱着这个在腹中孕育十个月的小生命，享受初为人母的喜悦啦。

本周胎宝宝随时都有可能出生，不过只有5%的胎宝宝能很听话地在预产期出生，提前或延迟几天或一周都是正常的。

本周宜忌

1 吃木瓜预防产后缺乳

木瓜具有健胃消食的功效。其含有的一种酵素，能促进蛋白质分解，有利于身体对食物的消化和吸收，还可以帮助分解肉食，减轻肠胃负担。木瓜中的木瓜酶对催乳很有效果，可以预防孕妈妈产后缺乳。

2 吃主食为分娩储备能量

分娩是体力活，因此饮食中必须要含丰富的碳水化合物，建议每天摄入量为0.5千克左右。孕妈妈三餐中都要吃米饭、面条等主食，再加一碗粥品，就能满足体内所需。

3 分娩过程中补充水分

分娩会大量消耗孕妈妈的体力，扰乱孕妈妈的生理功能，孕妈妈此时一定要多喝水，千万不要脱水。在第一产程时，孕妈妈每小时应喝一杯250毫升的温开水，如果孕妈妈疼得没有办法起身喝水，可以在宫缩间隙喝，或者用弯头吸管喝。此外，孕妈妈也可以喝一些果汁保持体力。如果孕妈妈完全不想喝水，也不愿意进食，为了防止脱水，医生可能会采用静脉输液帮助孕妈妈恢复体力。

4 警惕过期妊娠

过期妊娠是指超过42周仍没有分娩的情况，过期妊娠要提防胎盘随着时间延长而老化。如果胎盘老化，给胎宝宝提供的氧气和养分都会不够，容易造成胎宝宝缺氧，威胁胎宝宝的健康。如果出现过期妊娠的现象，孕妈妈要每天在家数胎动，一旦出现异常，要及时去医院检查。

5 分娩时不宜大声喊叫

孕妈妈在分娩时最好不要大声喊叫，因为大声喊叫对分娩毫无益处，孕妈妈还会因为喊叫而消耗体力，不利于子宫口扩张和胎宝宝下降。在宫缩间隙要赶紧休息，放松身体，保存体力。

6 药物催生前不宜吃东西

如果医生决定施用药物催生，那么在开始施用药物催生之前，孕妈妈最好能禁食数小时，让胃中食物排空。因为在催生的过程中，有些孕妈妈会出现呕吐的现象；另一方面，在催生的过程中也常会因急性胎儿窘迫而必须施行剖宫产手术，而排空的胃有利于减少麻醉时的呕吐反应。

7 分娩当天不宜吃油腻食物

分娩当天吃的食物，应该选择能够快速消化、吸收的食物，以快速补充体力为目的，不宜吃油腻的食物。食物以口味清淡、容易消化为佳，应多吃一些对生产有补益作用的食物，如西蓝花、紫甘蓝、香瓜、燕麦片、全麦面包等，以获得对血液有凝结作用的维生素 K。如果孕期增重过多，还应适当限制脂肪和碳水化合物等热量的摄入，以便顺利分娩。

蛋香渗入吐司，口感与营养兼得，适合作为孕妈妈分娩前的早餐。

煎蛋吐司

忌吃还想吃 分娩当天怎么吃

● 在第一产程中，食物以半流质或软烂的食物为主，如鸡蛋挂面、蛋糕、面包、粥等。

● 快进入第二产程时，应尽量在宫缩间歇摄入一些果汁、莲藕粉、红糖水等流质食物，以补充体力，帮助胎宝宝娩出。

● 巧克力是很多营养学家和医生推崇的"助产大力士"。

● 分娩后的饮食应稀、软、清淡，以补充水分、易消化为主，可以先喝一些热牛奶、粥等。

每天营养餐单

现在，孕妈妈即将分娩，而蛋白质，每时每刻都承担起生命的活动，从未停止。不久以后，蛋白质将以乳汁的形式，让小宝宝健健康康、茁壮成长。

蛋白质提高产后乳质

孕妈妈在分娩过程中，身体会分泌催产素，让整个骨盆关节联合打开，所以产后筋骨会松动，并且气血会流失、元气会耗损。蛋白质是修复组织器官的基本物质，且在血液中起"载体"作用。孕妈妈在产前要做好足量的蛋白质储备，以备产后及时恢复身体的亏损。

在膳食中，孕妈妈摄入丰富的优质蛋白，能使产后泌乳量旺盛，乳质良好。在动物蛋白中，牛奶的蛋白质是最好的，它很容易消化，而且氨基酸齐全，很适合孕妈妈食用。而谷类、坚果、豆制品等可以提供植物蛋白，宜作为孕妈妈辅助性的蛋白质来源。

木瓜与牛奶同食，可促进蛋白质的吸收，提高产后乳量乳质。

科学食谱推荐

星期	早餐（二选一）		加餐
一	芝麻粥 鸡蛋 蔬菜沙拉	全麦面包 牛奶 蔬菜沙拉	粗粮饼干 苹果
二	香菇菜心鸡蛋面	芝麻烧饼 豆浆	核桃 苹果
三	肉松面包 牛奶 苹果	白萝卜粥 平菇芦笋饼	榛子 酸奶
四	红豆黑米粥 煎蛋吐司	火腿奶酪三明治 苹果	酸奶草莓布丁
五	红豆薏米粥 火腿蛋卷	三鲜馄饨 花卷	蔬菜沙拉
六	牛奶 全麦面包 苹果	咸蛋黄烩饭 凉拌番茄	粗粮饼干 酸奶
日	绿豆粥 番茄厚蛋烧	番茄鸡蛋面 花卷	核桃 香蕉酸奶

本周食材购买清单

肉类：虾仁、牛肉、猪肉、鲈鱼、鳜鱼、鸡肉、带鱼等。

蔬菜：小白菜、紫菜、芹菜、茄子、土豆、西蓝花、番茄、黄瓜、平菇、芦笋、丝瓜、豇豆、杏鲍菇等。

水果：苹果、草莓、香蕉、猕猴桃、木瓜、雪梨等。

其他：豌豆、鸡蛋、芝麻、开心果、核桃、薏米、红豆、黑米、海带、豆腐等。

中餐（二选一）		晚餐（二选一）		加餐
米饭 清炒小白菜 虾仁豆腐	香煎米饼 杏鲍菇炒猪肉 香干炒芹菜	米饭 焖牛肉 番茄烧茄子	豆角肉丁面 香菇青菜	水果拌酸奶 开心果
米饭 甜椒炒牛肉 丝瓜豆腐鱼头汤	豆腐馅饼 虾仁西葫芦 清炒油菜	土豆饼 木耳炒芹菜 百合炒牛肉	米饭 清蒸鲈鱼 番茄鸡蛋汤	全麦面包 牛奶
米饭 什锦烧豆腐 洋葱炒牛肉	米饭 丝瓜金针菇 芋头排骨汤	番茄鸡蛋面 香菇油菜 肉末炒豇豆	红枣鸡丝糯米饭 山药炒扁豆 凉拌土豆丝	红豆西米露
米饭 五香带鱼 凉拌土豆丝	鸡丝面 蒜蓉茄子 番茄炒鸡蛋	米饭 糖醋虾 紫菜蛋汤	海带焖饭 芦笋炒百合 排骨冬瓜汤	紫菜包饭
黑豆饭 糖醋莲藕片 薏米炖鸡	米饭 西蓝花烧双菇 土豆烧牛肉	米饭 菠菜炒鸡蛋 鲜蘑炒豌豆	米饭 炖排骨 珊瑚白菜	芝麻糊 香蕉
米饭 青椒炒肉丝 凉拌素什锦	米饭 家常焖鳜鱼 蒜香黄豆芽	米饭 香菇油菜 豌豆鸡丝	米饭 青椒土豆丝 糖醋排骨	奶炖木瓜雪梨
豆腐馅饼 凉拌黄瓜 排骨海带汤	米饭 虾仁西葫芦 青椒土豆丝	米饭 芹菜炒百合 肉丝银芽汤	馒头 干煎带鱼 凉拌番茄	全麦面包 牛奶

孕 40 周 孕妈妈万分期待，胎宝宝随时降临　**257**

早餐 平菇芦笋饼

原料: 平菇 100 克, 芦笋 5 根, 鸡蛋 2 个, 盐、植物油各适量。

做法: ❶平菇洗净, 撕成小朵; 芦笋洗净切丁; 鸡蛋磕入碗中加盐打散。❷油锅烧热, 下平菇、芦笋稍微煸炒, 均匀摆在锅底。❸将鸡蛋液浇在锅底, 使平菇和芦笋都能沾到鸡蛋液, 煎至鸡蛋凝固、两面金黄即可。

中餐 丝瓜豆腐鱼头汤

原料: 丝瓜 150 克, 鱼头 1 个, 豆腐 100 克, 姜片、盐、植物油各适量。

做法: ❶丝瓜洗净去皮, 切滚刀块; 豆腐切块; 鱼头洗净, 劈开两半。❷油锅烧热, 将姜片爆香, 放入鱼头略煎, 加适量清水, 用大火烧沸, 煲 30 分钟。❸放入豆腐和丝瓜, 再用小火煲 15 分钟, 加盐调味即可。

晚餐 肉末炒豇豆

原料: 猪肉末 100 克, 豇豆 300 克, 酱油、白糖、盐、姜末、蒜蓉、植物油各适量。

做法: ❶猪肉末中加酱油、白糖、盐搅匀; 豇豆洗净, 切段, 焯水后捞出。❷油锅烧热, 倒入猪肉末翻炒, 再加豇豆段、姜末、蒜蓉一起炒。❸炒熟加盐调味即可。

早餐 红豆黑米粥

原料： 红豆、黑米各50克，粳米20克。

做法： ❶红豆、黑米、粳米分别洗净，用清水泡2小时。❷将浸泡好的红豆、黑米、粳米放入锅中，加入足量水，用大火煮开。❸转小火煮至红豆开花，黑米、粳米熟透即可。

中餐 杏鲍菇炒猪肉

原料： 猪里脊肉120克，杏鲍菇1个，黄瓜半根，盐、白糖、蛋清、酱油、植物油各适量。

做法： ❶杏鲍菇洗净切片，用开水焯一下；猪里脊肉洗净切片，用盐、白糖和蛋清腌一会；黄瓜洗净，切片。❷油锅烧热，倒入猪里脊肉炒至颜色变白，倒入酱油、黄瓜片翻炒片刻。❸杏鲍菇入锅一起翻炒均匀，加盐调味即可。

晚餐 番茄烧茄子

原料： 茄子2根，番茄2个，青椒1个，姜末、蒜末、盐、白糖、酱油、植物油各适量。

做法： ❶茄子、番茄分别洗净，切块；青椒洗净，切片。❷油锅烧热，放入姜末、蒜末炒香，再放茄子煸炒至茄子变软，盛出。❸另起油锅，烧热，放入番茄翻炒，放入适量盐、白糖、酱油，再倒入茄子、青椒继续煸炒，直至番茄的汤汁全部炒出即可。

杏鲍菇炒猪肉

红豆黑米粥

番茄烧茄子

图书在版编目（CIP）数据

怀孕每天吃什么 / 左小霞编著 . -- 南京：江苏凤凰科学技术出版社，2016.11
（汉竹 • 亲亲乐读系列）
ISBN 978-7-5537-7192-2

Ⅰ.①怀… Ⅱ.①左… Ⅲ.①孕妇—妇幼保健—食谱 Ⅳ.① TS972.164

中国版本图书馆 CIP 数据核字（2016）第 217498 号

凤凰汉竹

中国健康生活图书实力品牌

怀孕每天吃什么

编　　著	左小霞
主　　编	汉　竹
责 任 编 辑	刘玉锋　张晓凤
特 邀 编 辑	许冬雪　陈　岑
责 任 校 对	郝慧华
责 任 监 制	曹叶平　方　晨

出 版 发 行	凤凰出版传媒股份有限公司
	江苏凤凰科学技术出版社
出版社地址	南京市湖南路 1 号 A 楼，邮编：210009
出版社网址	http://www.pspress.cn
经　　销	凤凰出版传媒股份有限公司
印　　刷	南京精艺印刷有限公司

开　　本	889 mm × 1 194 mm　1/20
印　　张	13
字　　数	100 000
版　　次	2016 年 11 月第 1 版
印　　次	2016 年 11 月第 1 次印刷

标 准 书 号	ISBN 978-7-5537-7192-2
定　　价	49.80 元